瓦斯爆炸过程中
火焰与爆炸波传播规律

桂小红 著

科学技术文献出版社
SCIENTIFIC AND TECHNICAL DOCUMENTATION PRESS
·北京·

图书在版编目（CIP）数据

瓦斯爆炸过程中火焰与爆炸波传播规律 / 桂小红著. —北京：科学技术文献出版社，2017.8

ISBN 978-7-5189-3150-7

Ⅰ.①瓦…　Ⅱ.①桂…　Ⅲ.①瓦斯爆炸—火焰传播　②瓦斯爆炸—爆震波—传播　Ⅳ.①TD712

中国版本图书馆 CIP 数据核字（2017）第 182428 号

瓦斯爆炸过程中火焰与爆炸波传播规律

策划编辑：周国臻	责任编辑：王瑞瑞	责任校对：文　浩	责任出版：张志平

出　版　者　科学技术文献出版社

地　　　址　北京市复兴路15号　　邮编 100038

编　务　部　（010）58882938，58882087（传真）

发　行　部　（010）58882868，58882874（传真）

邮　购　部　（010）58882873

官方网址　www.stdp.com.cn

发　行　者　科学技术文献出版社发行　全国各地新华书店经销

印　刷　者　北京教图印刷有限公司

版　　　次　2017 年 8 月第 1 版　2017 年 8 月第 1 次印刷

开　　　本　787×1092　1/16

字　　　数　77千

印　　　张　3.75

书　　　号　ISBN 978-7-5189-3150-7

定　　　价　22.00元

前　　言

　　煤矿瓦斯爆炸事故从工业革命开始即一直时有发生，大多数工业化国家都对煤矿瓦斯爆炸进行过试验研究，尤其是对可燃碳氢气体与氧气及空气混合后的引燃和传播方面，以及工业粉尘（包括煤尘）爆炸特性方面均有不少的研究。例如，美国国家职业与健康研究所匹斯堡研究中心（NIOSH）、澳大利亚的London Dare安全研究中心及欧洲的一些研究机构相继建立了可燃气体与粉尘爆炸试验管道，并进行了试验研究。中科院力学所、南京理工大学、煤科总院抚顺分院和重庆分院等也相应建立了气体、粉尘爆炸试验管道和爆炸试验巷道，通过这些已经建立的试验巷道和管道的试验研究，取得了一些成果，在理论上也导出了一系列计算其传播速度、压力的公式，并从化学和热力学的角度进行了分析。根据这些研究结果，人们也提出了一些防治瓦斯爆炸的措施，如岩粉棚、水棚等。但是，这些防治瓦斯爆炸的措施在实际使用过程中有时起作用，有时并未起作用，其原因就在于对瓦斯爆炸过程中火焰与爆炸波之间相互关系并不清楚，导致防治措施的响应时间未能准确掌握，使防治措施未能起到应有的作用。针对这种情况，本书拟对此进行研究，以期对瓦斯爆炸机制研究有所裨益，对矿井瓦斯爆炸的实际防治工作有所帮助。本书主要从理论、实验与数值模拟3个方面对瓦斯爆炸过程中火焰与爆炸波的传播规律进行了研究。

　　本书主要研究成果如下。

　　①利用"211工程"重点学科建设项目中专门设计加工的具有煤矿井下巷道特点的瓦斯爆炸实验管网系统，采用在爆炸试验管道中加入障碍物和膜片的方法，测定与分析了瓦斯爆炸过程中的有关动力学参数，反映了瓦斯爆炸过程中火焰与爆炸波的传播规律。

　　②采用在爆炸试验管道中加入障碍物和膜片的方法，其中，障碍物用以模拟井下的矿车、堆积物或其他设备，膜片用以模拟井下的风门或密闭墙，从而

研究障碍物和膜片对火焰与爆炸波传播规律的重要影响，研究瓦斯爆炸过程中火焰与爆炸波之间的相互关系，并探讨障碍物对火焰的加速机制。

③基于均相反应流时均方程组、$k\text{-}\varepsilon$ 湍流模型和 EBU-Arrhenius 燃烧模型建立了均相燃烧流动的理论模型。采用基于 SIMPLE 算法的大型通用程序 PHOE-NICS 对管中瓦斯爆炸实验进行了数值模拟，其数值模拟结果反映了火焰加速的内在机制，揭示了管内燃烧、流动、湍流之间的正反馈关系，表现了障碍物对爆炸过程中各主要参数的影响规律，并与实验测得的相应结果基本吻合。

目　　录

第1章　绪论 ⋯⋯⋯⋯⋯⋯⋯⋯⋯⋯⋯⋯⋯⋯⋯⋯⋯⋯⋯⋯⋯⋯⋯⋯⋯⋯ 1

1.1　研究意义 ⋯⋯⋯⋯⋯⋯⋯⋯⋯⋯⋯⋯⋯⋯⋯⋯⋯⋯⋯⋯⋯⋯⋯⋯ 1

1.2　国内外研究现状 ⋯⋯⋯⋯⋯⋯⋯⋯⋯⋯⋯⋯⋯⋯⋯⋯⋯⋯⋯⋯⋯ 2

1.2.1　瓦斯煤尘爆炸的研究现状 ⋯⋯⋯⋯⋯⋯⋯⋯⋯⋯⋯⋯⋯ 2

1.2.2　数值模拟研究现状 ⋯⋯⋯⋯⋯⋯⋯⋯⋯⋯⋯⋯⋯⋯⋯⋯ 4

1.3　主要研究内容 ⋯⋯⋯⋯⋯⋯⋯⋯⋯⋯⋯⋯⋯⋯⋯⋯⋯⋯⋯⋯⋯ 4

第2章　瓦斯爆炸传播机制的理论分析 ⋯⋯⋯⋯⋯⋯⋯⋯⋯⋯⋯⋯⋯⋯ 6

2.1　瓦斯爆炸的产生 ⋯⋯⋯⋯⋯⋯⋯⋯⋯⋯⋯⋯⋯⋯⋯⋯⋯⋯⋯⋯ 6

2.2　井下瓦斯爆炸的传播过程 ⋯⋯⋯⋯⋯⋯⋯⋯⋯⋯⋯⋯⋯⋯⋯⋯ 6

2.2.1　概述 ⋯⋯⋯⋯⋯⋯⋯⋯⋯⋯⋯⋯⋯⋯⋯⋯⋯⋯⋯⋯⋯ 6

2.2.2　火焰的传播 ⋯⋯⋯⋯⋯⋯⋯⋯⋯⋯⋯⋯⋯⋯⋯⋯⋯⋯ 7

2.2.3　爆炸产物的膨胀 ⋯⋯⋯⋯⋯⋯⋯⋯⋯⋯⋯⋯⋯⋯⋯⋯ 8

2.2.4　空气冲击波的传播 ⋯⋯⋯⋯⋯⋯⋯⋯⋯⋯⋯⋯⋯⋯⋯ 8

第3章　火焰传播规律的实验研究 ⋯⋯⋯⋯⋯⋯⋯⋯⋯⋯⋯⋯⋯⋯⋯⋯ 11

3.1　引言 ⋯⋯⋯⋯⋯⋯⋯⋯⋯⋯⋯⋯⋯⋯⋯⋯⋯⋯⋯⋯⋯⋯⋯⋯ 11

3.2　实验系统 ⋯⋯⋯⋯⋯⋯⋯⋯⋯⋯⋯⋯⋯⋯⋯⋯⋯⋯⋯⋯⋯⋯ 12

3.2.1　实验系统 ⋯⋯⋯⋯⋯⋯⋯⋯⋯⋯⋯⋯⋯⋯⋯⋯⋯⋯⋯ 12

3.2.2　实验系统工作原理 ⋯⋯⋯⋯⋯⋯⋯⋯⋯⋯⋯⋯⋯⋯⋯ 14

3.3　实验结果与分析 ⋯⋯⋯⋯⋯⋯⋯⋯⋯⋯⋯⋯⋯⋯⋯⋯⋯⋯⋯ 14

3.4　火焰加速机制的探讨 ⋯⋯⋯⋯⋯⋯⋯⋯⋯⋯⋯⋯⋯⋯⋯⋯⋯ 16

3.5　小结 ⋯⋯⋯⋯⋯⋯⋯⋯⋯⋯⋯⋯⋯⋯⋯⋯⋯⋯⋯⋯⋯⋯⋯⋯ 18

第4章　爆炸波传播规律的实验研究 ⋯⋯⋯⋯⋯⋯⋯⋯⋯⋯⋯⋯⋯⋯⋯ 19

4.1　引言 ⋯⋯⋯⋯⋯⋯⋯⋯⋯⋯⋯⋯⋯⋯⋯⋯⋯⋯⋯⋯⋯⋯⋯⋯ 19

4.2　实验测定及分析 ⋯⋯⋯⋯⋯⋯⋯⋯⋯⋯⋯⋯⋯⋯⋯⋯⋯⋯⋯ 19

4.2.1　障碍物对爆炸波的特征参数的影响 ⋯⋯⋯⋯⋯⋯⋯⋯ 20

　　4.2.2　膜片对爆炸波的特征参数的影响 ································ 21

　4.3　爆炸波的传播特性及其破坏机制的探讨 ···························· 22

　4.4　小结 ··· 25

第5章　火焰与爆炸波之间的相互关系 ···································· 27

　5.1　引言 ··· 27

　5.2　实验结果及分析 ··· 27

　　5.2.1　火焰与爆炸波之间的相互关系 ································· 27

　　5.2.2　障碍物对火焰、爆炸波传播的影响 ····························· 29

　5.3　小结 ··· 30

第6章　瓦斯爆炸数值模拟 ·· 31

　6.1　数学模型 ··· 31

　　6.1.1　均相湍流燃烧的时均方程组 ··································· 31

　　6.1.2　湍流模型 ··· 32

　　6.1.3　燃烧模型 ··· 33

　　6.1.4　壁面函数 ··· 33

　6.2　热理想气体混合物关系式 ·· 35

　6.3　数值方法 ··· 35

　　6.3.1　二维方程的离散 ··· 35

　　6.3.2　离散方程的求解 ··· 38

　　6.3.3　压力修正方程的推导 ··· 39

　　6.3.4　SIMPLE 算法 ·· 41

　6.4　瓦斯爆炸的数值模拟 ·· 41

　　6.4.1　均相湍流燃烧的二维轴对称方程 ······························· 42

　　6.4.2　算法要点 ··· 43

　　6.4.3　网格划分 ··· 43

　　6.4.4　初始条件和边界条件 ··· 43

　　6.4.5　计算结果与讨论 ··· 44

　6.5　小结 ··· 49

参考文献 ··· 50

第1章 绪 论

1.1 研究意义

矿井瓦斯爆炸是煤矿重大恶性事故之一，一旦发生，不仅会严重摧毁矿井设施，还可能引起煤尘爆炸、矿井火灾、井巷垮塌和顶板冒落等二次灾害，从而造成井下作业人员伤亡，使矿井生产难以短期恢复。

据统计，在我国国有煤矿中，有高瓦斯矿井 1010 个，约占煤矿总数的 33%，其中，突出矿井 208 个，占高瓦斯矿井总数的 21%。"八五"期间，瓦斯煤尘爆炸事故虽然从总体上是减少的，但是发生的频率仍然很高，随着煤矿开采深度的不断增加，瓦斯爆炸的危险性也日益加大。

1970—1981 年，全国统配煤矿共发生 255 次重大爆炸事故，1983—1993 年，共发生一次死亡 10 人以上特大瓦斯煤尘事故 310 起。

近年来，随着矿井生产机械化水平和生产集约化的提高，以及不少特大型矿区进入深部开采，瓦斯涌出量急剧增加，恶性瓦斯爆炸事故时有发生，并常常伴随煤尘爆炸。1995 年，全国煤矿共发生一次死亡 10 人以上特大事故 57 起。图 1.1 为 1996—1998 年一次死亡 10 人以上事故统计。

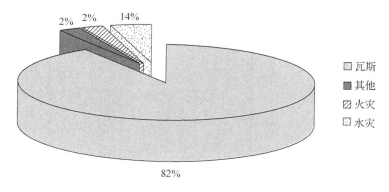

图 1.1 各类事故比例（1996—1998 年）

2000 年全国煤矿发生一次死亡 10 人以上事故 75 起，死亡 1398 人，其中，瓦斯事故 69 起，死亡 1319 人，分别占死亡 10 人以上事故次数的 92% 和死亡人数的 94%。可以看出：瓦斯事故在煤矿各类灾害事故中的所占比例居高不下，瓦斯事故较顶板、火灾及其他各类煤矿灾害事故来说，所占的比重明显要大，而在所有的瓦斯事故中，爆炸事故占的比重最大，因此，瓦斯爆炸事故仍然是煤矿安全生产亟待解决的问题。瓦斯爆炸事故的发生，给煤矿的安全生产带来了极大的威胁，不仅造成了大量人员伤亡，而且也带来了严重的经济损失和不良的政治影响。

一般瓦斯爆炸时会产生3个具有严重后果的后继变化：火焰锋面、冲击波和井巷大气成分的变化。火焰锋面是沿巷道运动的化学反应区和高温气体，其焰面温度很高。冲击波是传播着压力突变，在正向冲击波叠加和反射时，可形成高达3 MPa的压力。根据瓦斯爆炸现场观察可知，煤矿瓦斯爆炸在短时间内可产生巨大的爆炸威力，使数千米的巷道受到破坏，甚至导致整个矿井通风设施遭受毁灭性的破坏，而爆炸的产生往往仅仅是由于局部巷道瓦斯聚集，达到瓦斯爆炸浓度界限（5% ~ 15%）引起的，多数高瓦斯矿井巷道中的瓦斯浓度也仅仅在1%左右，并未达到瓦斯爆炸浓度下限，这就是由于瓦斯爆燃的火焰阵面被不断加速，使爆燃转变为爆轰导致的结果，这种情况的产生和瓦斯爆炸过程中的爆炸波、火焰等的传播是一种特殊的热动力现象有关。这种特殊的热动力现象主要表现在瓦斯爆炸过程中动态、非稳定爆炸波、火焰的传播特性，火焰传播中容易发生褶皱且对推动爆炸波的发展有影响，湍流对加速火焰有作用，火焰又会诱导激波的产生，而激波的产生又会引起爆轰，爆轰是一种高速率释放能量和高速率转变能量的燃烧过程，一旦产生不仅会产生巨大的爆炸威力，而且自身燃烧所需要的可燃气体浓度会大大降低，由此还会产生一系列后果，如引起巷道中其他可燃物的燃烧、使煤尘参与爆炸、产生大量有毒有害气体、造成灾害范围扩大和引起二次事故等。

因此，研究瓦斯爆炸过程中动态、非稳定火焰与爆炸波的传播规律，对于如何有效地防治煤矿瓦斯爆炸事故的发生及保障煤矿安全生产具有十分重要的意义。

1.2　国内外研究现状

1.2.1　瓦斯煤尘爆炸的研究现状

苏联的C. K萨文科通过125 mm和300 mm的管道模型试验，得出了空气冲击波通过巷道分岔和转弯处的衰减系数。他还做了薄膜测压实验，得出了冲击波强度基本上取决于巷道断面尺寸和巷道的粗糙性系数。

美国匹特斯堡研究中心研制出主动触发式抑制矿井瓦斯爆炸装置，并在试验矿井中试验。这种主动触发式装置包括3个部分：火焰传感器、扩散系统、抑制装置。利用爆炸的特征现象——火焰的传播及压力的增长，去激发装置动作，抑制瓦斯爆炸的传播。

澳大利亚A. R格林、I. 利珀和R. W尤普福尔得建立了瓦斯和煤尘爆炸过程的理论框架及计算机模型。将爆炸气体混合物的燃烧分两种：一种极端是慢速层状爆燃；另一种极端是爆轰。如燃烧气体与未燃烧气体共存，由于运动速度不同，形成了一个剪切区，燃烧的气体比未燃烧气体有更高的加速度，最终，燃烧的气体将冲入未燃烧气体中，从而导致湍流，使爆炸过程中的物理现象更易于理解，建立了一种用于差分火焰加速度传递过程的二元气体模型。该模型采用3个经验常数，能计算火焰加速度、发火能量和可燃物与氧的比值，此模型忽略了黏性和扩散的燃烧传递性质。

英国 G. A. Lull 和 A. F. Roberts 做了沼气浓度在 0 ~ 4.2% 范围内煤尘/沼气混合体在长 366 m 的巷道中点燃的实验。结果表明：爆炸强度随沼气浓度的增加而增大。应用火焰阵面的位置和先导的爆炸波等爆炸综合特征来推导不同的爆炸区的热平衡和质量平衡，并按上述估计，以时间为函数的能量释放速度。同时，爆炸性质又可用瓦斯煤尘的释热速度来表示。用这种方法可计算火焰区平均温度和爆炸中所烧掉的煤尘量。其假定巷道爆炸模型为：

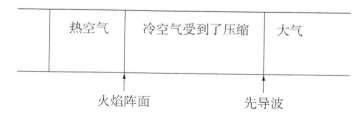

南斯拉夫与波兰合作研究了波斯尼亚和黑塞哥维那矿井煤尘的爆炸特性。他们在实验室和井下分别进行了试验，算出煤尘爆炸的最大压力和压力最大上升速度、煤尘爆炸下限等参数。

我国从 1981 年开始，把煤尘隔爆方法这一研究计划列为全国煤矿安全领域中的重点项目，并在重庆煤炭研究分院建成了一条长 900 m 的煤尘爆炸试验巷道。1983 年，日本九州煤炭研究中心与中国重庆煤炭分院根据日本国际产业技术研究合作计划，开展了这一课题的研究。通过 3 年的合作，研究了煤尘爆炸传播的特性、悬挂式水袋和自动式岩粉棚的隔爆效果、含有甲烷的大气中煤尘着火能力及爆炸特性。"八五"期间，煤炭科学研究总院重庆分院又开展了新型隔爆棚的研究，新研制的 XGS 型隔爆容器能抑制火焰速度大于 37 m/s 的弱爆炸传播，安设距爆源可缩短到 40 m（特殊可达 30 m），突破了现有被动式水棚距爆源不能小于 60 m 的界限。中科院力学所、南京理工大学等也相应建立了气体、粉尘爆炸试验管道和爆炸试验巷道，通过这些已经建立的试验巷道和管道的试验研究，取得了一些成果，在理论上也导出了一系列计算其传播速度、压力的公式，并从化学和热力学的角度进行了分析。

由于这些研究的试验管道和巷道多为非网络状的直通型，且大多缺乏从动态、非稳定的角度进行研究，并且很少有人用数值模拟的方法来研究冲击波的传播特性，因而取得的研究成果大多带有某种局限性，这就难以做到有效防止事故的发生。对瓦斯爆炸研究的主要是动态、非稳定性火焰和爆炸波。目前，中国矿业大学已创新性地建设了瓦斯（煤尘）爆炸实验系统，采用了先进的监测、检测系统和分析测试仪器，增加了目前国内外已有系统未能检测的参数测试，能更精确地反映和分析灾害发生过程的参数变化。所建造的物理模型能模拟井下巷道，反映井下巷道的管网特征，从而使所完成的实验系统能较全面地模拟瓦斯爆炸灾害的发生、发展过程，揭示其规律性，为从根本上有效地防治瓦斯爆炸灾害的发生提供了实验分析和测试手段。利用上述先进的实验系统、分析和测试手段，深入研究矿井瓦斯爆炸过程中动态、非稳定火焰和爆炸波的传播规律，对于改善煤矿生产的安全状况具有重要的社会意义和经济意义。

1.2.2　数值模拟研究现状

瓦斯爆炸是一种复杂的化学反应及传热传质等各种输运现象的相互作用与耦合，由于受测试手段的影响，无法测量现象的内部细微过程。数值模拟作为一种针对实际问题求出这组方程的数值解、描述运动的局部图像或全过程的方法，它在一定程度上可以弥补实验的不足。

20 世纪 50 年代中期，Kolsky（1955）构造了二维 Von Neumann-Richtmyer 格式跟踪质团的拉氏方法，将控制方程在固定的流体运动的网格上积分，然后写出这些积分的离散化近似表达式，从而得到差分格式。

到了 20 世纪 60 年代中期，最初由 Hartow、Welch（1965）发表的计算不可压缩黏性流体力学的标志网格法（MAC 方法）中，把质点换成了无质量的标志，对计算多种介质的系统很有成效，这种做法后来发展为，只在物质界面两侧的两三个网格内置放一批分别代表两侧物质的不同标志，跟踪它们并利用它们来计算混合网格的力学及其向周围网格的输运量。

20 世纪 70 年代，Chi 等则首次引入数值解法，采用 Lax-Wendroff 格式，对煤矿巷道内瓦斯火焰传播及其诱导激波过程进行了数值模拟，但所建立模型中膨胀系数与火焰燃烧速度都运用了经验公式，在火焰阵面的处理上，仅运用了动量与质量守恒方程，因而具有很大的局限性。

随着数值方法和计算技术的进步，近年来，我国对于爆炸的数值分析与模拟研究也日渐活跃，国内有很多学者也完成了相似的数值模拟研究。例如，刘晓利对玉米粉—氧气混合物中爆轰波的数值模拟，高泰荫等对 $CH_4 - O_2$ 混合物爆燃爆震转捩的数值模拟。但是这些研究主要是针对粉尘或可燃气体爆炸的数值模拟，对于煤矿井下瓦斯爆炸的数值模拟则很少有这方面的报道。

针对这种情况，本书基于均相湍流燃烧时均方程组、k-ε 湍流模型、EBU-Arrhenius 燃烧模型建立用来描述管内瓦斯爆炸模型，并运用基于 SIMPLE 数值解法的大型通用程序 PHOE-NICS 对管内瓦斯爆炸进行数值模拟，其数值模拟结果反映了火焰加速的内在机制，揭示了管内燃烧、流动、湍流之间的正反馈关系，表现了障碍物对爆炸过程中各主要参数的影响规律，并与实验测得的相应结果基本吻合。

1.3　主要研究内容

本书通过实验研究与数值模拟相结合的方法，研究瓦斯爆炸过程中非稳态、动态火焰和爆炸波的传播规律。其中，实验系统采用 CS20182-32 型动态数据采集及分析系统、微秒级传感器及具有煤矿井下巷道特点的实验管网系统，测定与分析瓦斯爆炸过程中的有关动力学参数。同时，运用基于 SIMPLE 数值解法的大型通用程序 PHOENICS 对瓦斯爆炸现象进行了数值模拟。其具体研究内容如下。

①利用"211 工程"重点学科建设项目中专门设计加工的具有煤矿井下巷道特点的瓦斯爆炸实验管网系统，测定与分析了瓦斯爆炸过程中的有关动力学参数，反映瓦斯爆炸过程中

火焰与爆炸波的传播规律。

②采用在爆炸试验管道中加入障碍物和膜片的方法，其中，障碍物用以模拟井下的矿车、堆积物或其他设备，膜片用以模拟井下的风门或密闭墙，从而研究障碍物和膜片对火焰与爆炸波传播规律的重要影响，研究瓦斯爆炸过程中火焰与爆炸波之间的相互关系，并探讨障碍物对火焰的加速机制。

③选用均相湍流燃烧时均方程组、k-ε 湍流模型来描述瓦斯爆炸过程中的湍流变化，用 EBU-Arrhenius 燃烧模型来描述瓦斯爆炸过程中燃烧速率的变化，用壁面函数法来处理管内区域流场的变化。采用基于 SIMPLE 算法的大型通用程序 PHOENICS 对管中瓦斯爆炸实验进行数值模拟，以反映火焰加速的内在机制，揭示管内燃烧、流动、湍流之间的正反馈关系，表现障碍物对爆炸过程中各主要参数的影响规律。

第 2 章　瓦斯爆炸传播机制的理论分析

2.1　瓦斯爆炸的产生

爆炸是大量能量在有限体积和极短时间内快速释放或急骤转化的现象，它常分为物理爆炸和化学爆炸。如果火焰的传播不依赖其速度，也即在火源已经停止自己作用的情况下火焰仍可能传播，则这种过程为爆炸，相反，假如火焰不脱离火源，或者火焰的存在是随着远离火源而终止，则这种过程就不是爆炸。瓦斯爆炸，是指火焰从火源占据的空间不断地传播到爆炸混合气体所在的整个空间的过程。矿井瓦斯爆炸属于化学爆炸，它是以甲烷为主的可燃性气体和空气组成的爆炸性混合气体在火源引发下发生的一种迅猛氧化反应的结果。

瓦斯爆炸必须具备如下 3 个条件。

①甲烷的浓度处于爆炸范围内（在常温常压下，形成 5% ~ 15% CH_4 的积存）。

②氧的浓度超过失爆氧浓度（在 CO_2 惰化下，O_2 浓度 > 12%；在 N_2 惰化下，O_2 浓度 >9%）。

③引火源的能量大于最小点燃能量（0.28 mJ）、温度高于最低点燃温度（595 ℃）和点燃时间长于感应期。

在一般矿井下，氧浓度是满足的，所以只要瓦斯积存和火源两大基本因素同时具备，就会发生瓦斯爆炸。

2.2　井下瓦斯爆炸的传播过程

2.2.1　概述

图 2.1 所示为一典型的独头巷道瓦斯爆炸的形式，其右端封闭有一定容积的瓦斯—空气混合气体。混合气体和空气用膜片隔开。点火点在闭端的巷道端头点燃。火焰面则以巷道端头为反射面，反射后强度加大，也向巷道开口方向传播，到一定距离（随着瓦斯—空气混合气体量不同而有所变化）形成冲击波。爆炸波在传播过程中，碰到巷道壁面后发生反射，并在一定距离上形成平面冲击波，如图 2.1 所示。

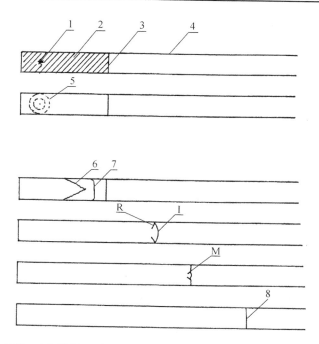

1—点火源；2—瓦斯—空气混合性气体；3—隔膜；4—巷壁；5—层流火焰阵面；6—湍流火焰阵面；
7—压缩波；8—平面空气冲击波；I—入射波；R—反射波；M—马赫杆

图 2.1 瓦斯爆炸产生的空气冲击波平面波阵面的形成过程

2.2.2 火焰的传播

在端头点火后混合气体便燃烧起来。起初，火焰面以球形波的形式向外扩展。到达周壁后，一火焰面向着巷道开口方向传播，同时，另一火焰面在向端头方向传播。初始阶段，两个方向传播的火焰面均以层流火焰在巷道中传播，由于壁面的影响诱发湍流，使火焰皱折，加快火焰面的传播，进而火焰面的运动速度急剧加大。按照双流体模型的观点把已燃和未燃的气体看作两种流体，火焰面的抖动、皱折和破裂使火焰区内存在两种流体，燃烧放热、气体膨胀在巷道内产生顺压力梯度。从双流体模型的动量方程可以知道：在同样压力梯度下，密度小的流体（已燃气）的速度变化比密度大的未燃气的速度变化大，这导致了两种流体间速度差的出现和加大，使得已燃气对未燃气的卷吸量加大，压力梯度增大，从而进一步增大两种流体的速度差。这个"自激化"的过程急剧发展，便迅速地提高了火焰面的传播速度。但是火焰面在向巷道开口方向的加速和端头方向上的加速的程度是不一样的。在向着巷道端头方向上的燃烧，由于燃烧产物能向开口方向排出，所以起初燃烧不会超过"正常燃烧速度 V_n"，即可见的火焰燃烧速度 V_{ex} 和正常燃烧速度 V_n 基本一致。继续燃烧，管内可燃气体混合物激起了固有振荡，气体运动不再是层流，而是湍流，结果引起燃烧速度的上升。此时，火焰前都不是平的，而是拱状的。燃烧面 F 大于巷道截面积 f。因此，巷道内火焰燃烧 V_{ex} 比正常燃烧速度 V_n 大 F/f 倍，即 $V_{ex} = F/f \times V_n$；在向着巷道开口方向上的燃烧，由于燃烧时混合物体积猛烈膨胀，火焰阵面前的压缩波将膜片破裂，使得一些未燃混合物排出膜片位置以外，并被紧随着它的火焰点燃。"排代效应"激起湍流是引起高速燃烧的又一原因。湍流引起了燃烧面的继续扩大，使得 V_{ex} 急剧增大。这时 $(F/f)_{端头方向传播} \ll (F/f)_{开口方向传播}$。

通常，火焰传播速度在起爆室内比较慢，破膜后火焰速度逐渐加快，到一定位置达到最大值。然后由于热损失、内摩擦及膨胀负压的作用使传播到一定距离时火焰速度减慢至熄灭。

2.2.3 爆炸产物的膨胀

混合气体火焰在燃烧过程中产生大量爆炸产物，由于其温度很高，因而使得爆炸产物急剧膨胀。爆炸产物的急剧膨胀从本质上起着"速度活塞"的作用。在爆炸产物膨胀前期，爆炸产物高速膨胀，决定了它与空气冲击波的协同运动。在此期间，爆炸波强度不断增强，速度逐渐加快。由于爆炸产物体积的不断加大，并且席卷了全部增大的空气质量，使得爆炸产物的膨胀速度随其膨胀程度而下降，且产生了冲击波的断离面。通常认为，爆炸产物相脱离，断离后高速的空气冲击波借助于从爆炸产物中所获的动能继续独自地向前传播。

2.2.4 空气冲击波的传播

空气冲击波在传播过程中，由于边界上受到巷道壁的制约及巷道粗糙度的影响而发生气流的折转，形成冲击波遇到刚壁产生反射的现象。从冲击波的反射理论知，冲击波遇到刚壁发生反射可以分成规则反射和非规则反射两类，取决于波的入射角，如图 2.2 所示。当入射角 φ 较小时，冲击波在壁面上反射为规则反射。随着入射角 φ 的逐渐增大，仍能实现规则反射。但当 φ 增加到临界值 φ_2 以上时，开始出现马赫反射，这时反射波不和壁面直接接触，而产生一个新的波阵面 M 直立于壁面之上，这个波通常叫作马赫杆。流场中出现一个两边压力相等而温度、密度不相等的拖向下游的滑移流面。流场情况特别复杂。产生马赫反射的机制是在某一冲击波马赫数下，入射角大于对应于这一马赫数下气流最大可能的折转角，而使气流平行边壁运动的条件，故而使反射气流顺利折转。马赫杆从初始形成起，随着冲击波的向前传播不断增高，最终由于巷道边界的限制及各马赫杆沿巷道轴向形成一个旋成体，无论在径向哪个方位的增强都是不可能的，而只能是均衡地向前发展，成为均匀的平面波向前传播。

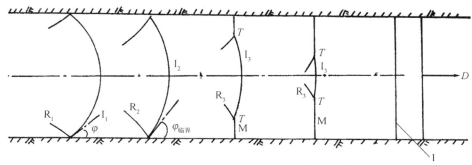

R_1、R_2、R_3—反射波；I_1、I_2、I_3—入射波；φ—入射角；$\varphi_{临界}$—临界入射角；M—马赫杆；

D—平面冲击波速度；T—三波点；1—平面空气冲击波

图 2.2 爆炸冲击波由曲面波发展为平面波

　　平面空气冲击波在传播过程中，其波的强度不断衰减，最终转变为声波。波的衰减主要原因归结如下。

　　①任何一个巷道都存在一定的凸凹度。由于巷道的粗糙性，则会对气流产生阻力。空气冲击波波阵面后的气体在流动过程中，与巷道壁面产生摩擦，阻止和降低了气流的流动速度，消耗了部分空气冲击波的能量。壁面越粗糙，空气冲击波与巷道壁的摩擦阻力越大，冲击波用于克服壁面摩擦所消耗的能量越多，冲击波的衰减越严重。

　　②初始空气冲击波形成后，冲击波波阵面以某一速度向前运动，波阵面后的受压气体层（具有一定的宽度）以小于波阵面的速度紧跟在波阵面后向前运动。由于巷道迎头是固定的，因而在冲击波后将出现负压区，引起此区间的受压气体膨胀，即形成了紧跟在冲击波之后而以当地声速传播的一系列稀疏波。由于稀疏波的传播速度大于空气冲击波的速度。因而随着时间的推移，它将赶上空气冲击波的前沿阵面，并将其削弱。

　　③空气冲击波在其传播过程中，不断地加热空气。传播过后，虽然被加热的空气层温度将显著降低，但仍不能恢复到未受压缩前的状态，而是温度有所上升，使得冲击波的部分能量消耗于空气的加热上。

　　④空气冲击波是一个强间断，在其传播过程中其热力过程是不等熵的。冲击波内层与外层之间存在着黏性摩擦、热传导和热辐射等不可逆的能量损耗，这将进一步加快冲击波强度的衰减。结果表明：在传播过程中，冲击波前沿阵面由陡峭逐渐衰变为弧形波面的弱压缩波，直至最终化为声波。

　　⑤空气冲击波阵面以速度 D（超音速）向前运动，而尾部以音速 C_0（340 m/s）向前运动。由于 $D > C_0$，所以随着空气冲击波向前传播，其正压区不断地拉宽。压缩区内空气量不断增加，使得单位质量空气的平均能量下降。

　　一般认为，冲击波的衰减随下列各量的增加而增加：R/d_B，ε，Re，巷壁粗糙性系数 β，$\mu t/A$。

其中，R—冲击波通过的距离，m；

　　d_B—巷道的水力直径，m；

　　ε—巷道断面单位面积的初始冲击波强度，kJ/m^2；

　　Re—雷诺数，无量纲；

　　β—巷道粗糙度系数，无量纲；

　　μ—运动黏性系数，m^2/s；

　　A—巷道横截面积，m^2；

　　t—冲击波推进所经历的时间，s。

　　从冲击波的结构可以更好地认识冲击波峰值超压的衰减规律，冲击波的结构如图 2.3 所示。

　　图 2.3 表示爆炸场某点处的冲击波波形，由于爆轰产物的剧烈膨胀，高压气体迅速向外运动，对周围气体猛烈进行压缩，形成冲击波。冲击波到过瞬间，空气压力同 P_0 突跃上升的压力不断衰减，以致超压 Δp 降到 0 后又出现了低于周围气体的压力；当压力的降低与惯性平衡。从图 2.3 中还可看出，冲击波波形分两部分，紧跟在冲击波后面超压 Δp 大于 0 的

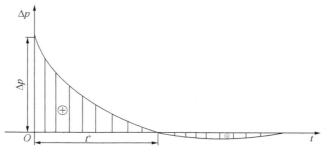

图 2.3　空气冲击波波形

前半部分，称为正压区；超压 Δp 小于零的后半部分，称为负压区。空气冲击波在传播过程中，波形变化的情况如图 2.4 所示。首先，冲击波波峰压力和波面速度迅速下降，其原因一方面在于空气冲击波向外传播，即使在没有其他能量损耗的情况下，通过冲击波波阵面单位面积上的能量也不断减少；另一方面由于冲击波的传播过程是不等熵过程，空气受冲击压缩后要将部分机械能转变为热能而消耗掉，使维持冲击波运动的能量减少。由于上述两种原因，空气冲击波在传播过程中必然要迅速衰减。其次，空气冲击波在传播过程中，正压区作用时间不断加长，其原因主要在于正压区前端是冲击波波阵面，它以超音速相对于静止气体传播，而正压区末端面是膨胀波，它以与静止状态相同的当地音速向前传播，这样容易看出正压区前端的速度大于末端的速度，所以空气冲击波在传播过程中，正压区不断加宽，正压区作用时间不断加长。

图 2.4　空气冲击波沿井巷的衰减

　　冲击波压力取决于爆炸所释放的能量和离爆源的距离，一般来说，爆炸时所释放的能量越大及距爆源在一定距离处较近，则爆炸冲击波压力就越大。

第3章　火焰传播规律的实验研究

3.1　引言

在燃烧理论中，化学反应区通常被称为"火焰区""火焰阵面""反应波"等。在火焰区内，发生着快速反应，而且通常会从火焰区发出光亮。一般来说，火焰可分为以下几种。

①按反应物分类：气相火焰和非均相火焰（又分为气雾火焰和粉尘火焰）。

②按反应物的初始聚集形态分类：预混火焰和扩散火焰。

③按反应物流动形态分类：层流火焰和湍流火焰。

④按火焰传播状态分类：稳定燃烧火焰和自由燃烧火焰。

本章主要研究纯气相——瓦斯与空气混合物的火焰传播规律，特别是障碍物对火焰的加速作用。因为发生瓦斯爆炸是从火焰加速开始，达到一定临界条件才能转捩为爆轰波的，而障碍物对火焰的加速有重要的影响，并且在煤矿井下，又存在着各种障碍物，如通风设施、各种构筑物、机电设备、运输设备、沉积粉尘及人员物品等。

瓦斯爆炸与可燃气体的爆炸有某些相似性，因此对于可燃气体爆炸的论述大致上也适用于瓦斯爆炸。其认识过程从易到难的顺序为：层流火焰—湍流火焰—火焰加速机制。

火焰传播是热传导和扩散的结果，火焰后的气体膨胀影响速度（声速）大于火焰速度，因此火焰通常在运动着的气体中传播。称火焰相对于固定空间的速度为火焰速度，而相对于前方气体的速度为燃烧速度。燃烧速度表明化学能的释放速度，是可燃气体的自身属性。研究燃烧速度必须知道火焰的结构和传播过程，不同气体中，热传导和扩散起着不同的作用。任何关于火焰结构和传播的理论都需和实测的燃烧速度相比较，以校验其正确与否，当前测量燃烧速度的方法与以往相比差距不大，主要是仪器发展了，精度提高了，并扩大了测量的范围。

对于层流预混火焰传播特性的认识是进一步了解湍流火焰机制的基础，因此对层流火焰传播问题的研究从理论上和实践上都具有重要意义。层流火焰理论中，主要是确定火焰速度，层流火焰的速度定义为：在气体进入燃烧前沿时，垂直于燃烧波阵面表面的未燃气体的速度。当可燃性气体混合物被弱火源（如火花或热面）点燃时，火焰是层流火焰，其传播机制是分子扩散传热与热质，热量和质量向未燃气体扩散过程是相当慢的，层流火焰传播速度在 $3 \sim 4$ m/s 数量级。层流火焰传播速度决定于燃料种类及其浓度，典型碳氢化合物的最大层流燃烧速度为 $0.4 \sim 0.5$ m/s，较高，乙烯、乙炔和氢由于反应速度快和扩散系数高，所以其层流燃烧速度较高。由于装置和测量技术不同，层流燃料速度测试结果亦不同。层流火焰传播速度由于火焰阵面前的紊流而被加速，使层流燃烧转变为紊流爆燃。燃烧速度增大的一个原因是火焰阵面由于大的紊流涡流使火焰前面变为折叠形，增大了火焰与氧气接触的面积，从而使燃烧速度加快，同时紊流传热传质使燃烧速度也加快。

湍流火焰及加速过程更是直接导致爆轰转掖，产生爆炸灾害的关键环节，因此，对气相湍流预混火焰传播的研究已有近 100 年的历史，这方面的研究很多，迄今为止，研究手段主要是实验，并从实验数据中总结有用的经验公式，这方面的理论研究与数值计算主要是在物理模型中探讨。研究目的主要是确定湍流燃烧速度与层流燃烧速度之间、湍流燃烧速度与湍流参数之间的关系，从层流燃烧到湍流燃烧的转变，进而向爆轰转变的可能性。

障碍物会使火焰在传播过程中加速这一现象早已引起人们的注意，而且在工业爆炸灾害中的实际情况大都与火焰在有障碍物群的通道中传播的物理现象有关。因此，近 10 年来，为了预防工业中爆炸事故的发生，人们更加强了对气相火焰在有障碍物的管道中传播和加速机制的研究。Lee J. H. 和 Moen I. O. 等在他们的实验结果分析中认为火焰加速的原因主要是障碍物诱导的湍流区对燃烧过程的正反馈；浦以康等对甲烷—空气混合物火焰进行了实验研究，确定了气相火焰的加速特性，提出了对气相火焰在障碍物群中加速机制的认识。

本章通过对有无障碍物和所设障碍物的多少变化来研究障碍物对瓦斯爆炸过程中的火焰加速过程的影响，其目的是获得对火焰传播规律及火焰加速过程等物理现象的定性认识。

3.2　实验系统

3.2.1　实验系统

该实验系统为"211 工程"重点学科建设项目建成的"瓦斯爆炸实验系统"，其包括 5 个部分，即瓦斯爆炸试验腔体、动态数据采集分析系统、火焰速度测量系统、瓦斯爆炸压力测量系统和瓦斯爆炸点火装置，其结构如图 3.1 所示。

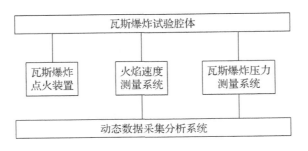

图 3.1　瓦斯爆炸实验系统

（1）瓦斯爆炸试验腔体

该腔体（图 3.2）为 80 mm×80 mm 方管，每节管长有 4 种，即 0.5 m、1 m、1.5 m、2.5 m，总长 18 m。在方管上有压力、温度、火焰传感器和点火装置的安设孔，全部管道安放在组合式支架上，可分可合，轻便灵活，结构稳定。为了便于实验工作，管道能灵活拆开和接合，各节管道均安放在轴承托架上，两侧用限位卡限位。在组装调试后，移动轻便，效

图 3.2　瓦斯爆炸试验腔体

果良好。

（2）动态数据采集分析系统

该系统（图 3.3）为 CS20182-32 型，具有 32 个通道（采样率 20 M，采样精度 10 bit，采样长度 1 M），能满足微秒级数据采集速度的动态数据采集要求。它具有自动采集、储存、数据处理和显示及打印输出的功能，能同时将 8 个通道的测试结果显示在屏幕上，且具有将曲线压缩、拉伸、放大和缩小的功能。

图 3.3　动态数据采集分析系统

（3）火焰速度测量系统

该系统（图 3.4）采用光敏三极管为火焰传感器，即使在 CH_4 燃烧的暗淡光源下通过放大电路也可以准确采集到火焰信号，采集速度也达到了 1 μs。

（4）瓦斯爆炸压力测量系统

该系统采用 YD205 型石英压电传感器，该传感器具有限高的频响，采集数据的速度可达 1 μs。

（5）瓦斯爆炸点火装置

该装置（图 3.5）采用高压电火花点火装置，其输出功率为 20 ~ 100 J（焦耳）。

图 3.4 火焰速度测量系统

图 3.5 瓦斯爆炸点火装置

3.2.2 实验系统工作原理

实验时，先在瓦斯爆炸试验腔体的不同位置安装各种传感器，并将配制好一定瓦斯浓度的气体冲入瓦斯爆炸试验腔体；然后调试 CS20186-32 型动态数据采集分析系统，根据需要设定相应的采样率、采样长度及相关参数，根据需要设置障碍物，使之处于自动采集状态；最后利用高压电火花点火装置点火起爆，测定瓦斯爆炸过程中的有关参数。

3.3 实验结果与分析

为了研究瓦斯爆炸过程中火焰的传播规律，在瓦斯爆炸实验腔体中分别进行了不加障碍物，加 2 个、4 个、6 个障碍物时的模拟实验研究，图 3.6 为障碍物布置示意图。研究结果表明障碍物对瓦斯爆炸过程中火焰的传播规律具有重要影响。

表 3.1 为瓦斯爆炸过程中火焰传播规律的测定结果，图 3.7 为瓦斯爆炸过程中障碍物对火焰传播规律的影响实测结果，图 3.8 为障碍物对火焰传播速度的影响。

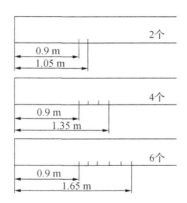

图 3.6　障碍物布置示意

表 3.1　瓦斯爆炸过程中火焰传播规律的测定结果

序号	障碍物	距离 S（L/D）	速度/（m/s）	序号	障碍物	距离 S（L/D）	速度/（m/s）
1	无	20	97.7	11	4 个	20	177.1
2	无	36	73.2	12	4 个	36	125.0
3	无	50	36.1	13	4 个	50	119.8
4	无	60	30.6	14	4 个	60	96.4
5	无	70	14.2	15	4 个	70	58.6
6	2 个	20	139.8	16	6 个	20	280.0
7	2 个	36	111.3	17	6 个	36	230.0
8	2 个	50	98.7	18	6 个	50	240.0
9	2 个	60	76.5	19	6 个	60	222.0
10	2 个	70	37.8	20	6 个	70	201

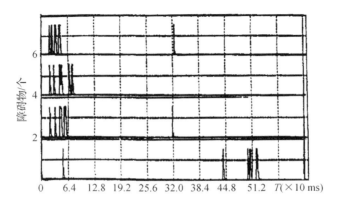

图 3.7　瓦斯爆炸过程中障碍物对火焰传播规律的影响实测结果

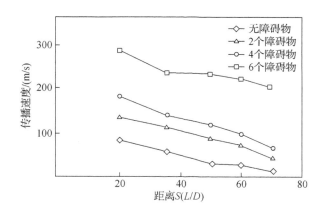

图 3.8　障碍物对火焰传播速度的影响

可以看出：随着障碍物数量的增加，火焰传播速度迅速提高，在 20 倍长径比位置，火焰传播速度达到最大值，随后，逐渐衰减直至熄灭，且随障碍物数量的增加，衰减速度变慢（与参考文献［17］结论相符）。因此，障碍物对瓦斯爆炸过程中火焰传播速度大小及其衰减情况均具有重要的影响。究其原因，主要是由于障碍物的存在，提高了火焰传播过程中的湍流现象，湍流又加速了火焰传播，导致了火焰传播速度的迅速提高；在火焰传播速度达到最大值后，由于没有能量的补充和壁面的吸热作用，火焰的传播速度逐渐衰减直至熄灭。同样，有理由相信，一个内壁产生腐蚀或被污垢污染并有大量凸起物附着在内表面的管道，将会比一个具有光滑内壁的管道产生更大的火焰加速度。因此，在矿井可能发生瓦斯爆炸的地方，应尽量减少和清除不必要障碍物的存在，并尽可能地使巷壁光滑，以防万一发生瓦斯爆炸时，引起火焰加速，导致爆炸强度和波及范围的迅速增大。

3.4　火焰加速机制的探讨

对于给定的可燃混合物而言，湍流在火焰传播和燃烧过程中发挥着非常重要的作用。根据参考文献［17］可知，大多数气相可燃混合物的层流燃烧速度量级是 0.5 m/s，借助于湍流能很容易地增加 1~2 个数量级。另外，要从燃烧转变为爆轰，就要从起始较慢的火焰速度连续地加速到某一临界速度，在此化学反应（即火焰）的传播机制突然改变，即从扩散控制转变为由激波加热的自动点火，发生这种转变的可能性也取决于火焰加速的程度。

在燃烧学中，把从一种光滑的层流火焰表面出现的任何变化都定义为湍流火焰，显然，在这一普遍定义范围内，很多因素（或机制）都可能对层流的任何一种变化产生影响。起初，在点火后，火焰通常是层流的，随着火焰从点火中心生长，就逐步"湍流化"，而湍流化过程指的就是火焰加速机制。

图 3.9 给出了湍流火焰阵面的结构示意图。

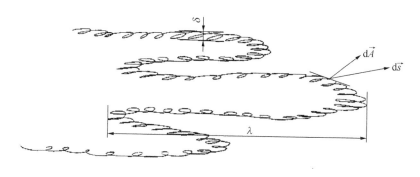

$\vec{s}(\vec{r},t)$ —当地燃烧速度；$\mathrm{d}\vec{A}$—燃烧表面微元；

δ—火焰厚度（$\delta^2 \ll \mathrm{d}\vec{A}$）；$\lambda$—火焰折迭的变形尺度（$\lambda \gg \delta$）

图 3.9　湍流火焰阵面结构

根据以上这些参数，体积燃烧率 $\dot{V}_b$ 就可以表达为：

$$\dot{V}_b(t) = \oint \mathrm{d}\vec{A} \cdot \mathrm{d}\vec{s}(\vec{r},t),\tag{3.1}$$

其中，积分是在一时刻对所有燃烧表面求取的。显然，如果火焰折迭尺度越大，燃烧表面积也就越大，体积燃烧率 $\dot{V}_b(t)$［或者质量燃烧率 $\dot{m}_b(t) = \dot{V}_b(t)\rho_u$］也就越大，结果使得能量释放率增加，反应加快，火焰传播速度加快。因此，大尺度湍流通过折迭来增加火焰燃烧总表面积，而小尺度湍流则增加局部热和质量交换，它们对形成较高的燃烧速度都有贡献。

火焰在容器内部传播时，在容器壁面上（与粗糙度有关），剪切和速度梯度会在未燃流场中发展，如果还存在障碍物，则流场就会进一步变形，并在障碍物表面的边界层和尾迹中形成速度梯度。在火焰通过一个单台阶障碍物的过程中，当火焰未到达之前，未燃混合物的平移流动建立了一个高速梯度场和一个围绕障碍物的伴随绕流场；当火焰到达这一障碍物时，随着火焰沿梯度场的聚汇，火焰表面被迅速拉伸，在尾迹流中的剪切层使当地燃烧速度得到相当大的增加。随着火焰阵面在这个梯度场中传播，并发生"伸长和折迭"，这种火焰的变形将在一个较大表面上消耗燃料和氧气，导致热释放率的增加，火焰传播速度加快。较高的燃烧速度导致了火焰前面未燃混合物较大的平移流动速度，这又会引起流场梯度的进一步增大，导致更强烈的火焰伸展和折迭。如此下去，随着火焰在速度梯度场中伸展与折迭，就建立起了气体流动与燃烧过程之间的正反馈耦合——火焰加速机制。

本章采用的障碍物对火焰传播速度的作用基本体现了上述分析，结果如表 3.1 所示。例如，在长径比为 50 时，不设置障碍物时火焰速度为 36.1 m/s；设置 2 个障碍物可使火焰速度达到 98.7 m/s；设置 4 个障碍物可使火焰速度达到 119.8 m/s；设置 6 个障碍物可使火焰速度达到 240.0 m/s。

应当指出，我们完全可以对各种不同形状、不同尺度、不同空间分布的障碍物进行一系列实验，考察火焰加速与诱导湍流之间的关系，并找出特定燃烧工质的最优旋涡尺度和障碍物尺寸及分布，由于时间有限，仅仅做了一部分实验。很多现象有待于进一步分析和研究。

当然，火焰加速机制绝非仅此一种。例如，在气相燃烧理论中的压力波与燃烧阵面相互作用而导致界面不稳定性理论，由火焰产生的前驱激波对未燃混合物的加热和压缩的正反馈机制，并导致燃烧转爆轰等。然而结合本章目前的研究内容，对于瓦斯—空气混合物火焰在有障碍物的管道中传播的加速机制，其主要方面应归功于障碍物诱导的湍流区对燃烧过程的正反馈。

3.5　小结

①障碍物对瓦斯爆炸过程中火焰传播规律具有重要的影响，随着障碍物数量的增加，火焰传播速度迅速提高，衰减速度变慢，波及范围扩大。

②在沿火焰传播的通道上设置障碍物，对气相火焰具有加速作用，这种加速作用的机制可归功于障碍物诱导的湍流区对燃烧过程的正反馈。

对矿井瓦斯爆炸过程中产生的火焰对多次爆炸和爆轰波的形成的影响进行的一点思考：多次爆炸或爆轰波的形成常常是由瓦斯或煤尘二次爆炸引起的，在矿井瓦斯爆炸过程中爆炸波会扬起井巷内的大量煤尘，如果此时爆炸源的附近存在较为密实的障碍物（如风门、巷道急转弯处），就会在该段形成一高压区，增加火焰对煤尘或瓦斯的点燃作用，从而引起二次爆炸，如果条件合适，就能引起多次爆炸，进而形成爆轰波。

以上结论对矿井生产有以下参考意义：为了减小瓦斯爆炸所产生的火焰对巷道内可燃物的点燃作用，减轻瓦斯爆炸的破坏作用，应尽量清除矿井巷道中，特别是独头盲巷内、风门前后巷道内、巷道急转弯处及瓦斯涌出量较多的地段的沉积煤粉和易燃物，且应尽量不使独头盲巷处于密实状态，更不能用易燃物来封闭独头盲巷，这样可以防止瓦斯爆炸时由于火焰点燃易燃物而发生二次爆炸。

第4章　爆炸波传播规律的实验研究

4.1　引言

在瓦斯爆炸过程中，由于瓦斯与空气混合物快速突然释放能量，在此过程中形成爆炸波，且从爆源中心向外扩展传播。这种爆炸波与一般凝聚炸药所产生的爆炸波有很大的不同，这与爆炸源的特性及结构有关。瓦斯爆炸过程中爆炸波是通过空气介质向外传播的，因此可引起相当远距离的破坏效应。根据现场观察可知，瓦斯爆炸在短时间内可产生巨大的爆炸威力，对矿井通风设施及构筑物造成严重的破坏，如风门、密闭墙被摧毁导致风流紊乱，通风系统不稳定，这种严重的破坏作用与爆炸波的产生密切相关。针对这种情况，本章在实验的基础上，研究瓦斯爆炸过程中爆炸波的传播规律，并采用在爆炸试验管道中加入障碍物和膜片的方法，其中，障碍物用以模拟井下的矿车、堆积物或其他设备，膜片用以模拟井下的风门或密闭墙，测定爆炸波的有关特征参数，从而研究瓦斯爆炸过程中爆炸波特征及爆炸波破坏效应，并对其破坏机制进行探讨，为正确地评估爆炸的危险性及采用科学合理的预防安全措施提供依据。

4.2　实验测定及分析

实验时，先在瓦斯爆炸试验腔体的不同位置安装各种传感器，并将配制好一定瓦斯浓度的气体冲入瓦斯爆炸试验腔体；然后调试 CS20186-32 型动态数据采集分析系统，根据需要设定相应的采样率、采样长度及相关参数，使之处于自动采集状态，在瓦斯爆炸试验腔体内安设一定数量的障碍物和膜片；最后利用高压电火花点火装置点火起爆，自动采集和测定瓦斯爆炸过程中的有关参数。

为了探讨瓦斯爆炸过程中爆炸波的传播规律，在瓦斯爆炸试验腔体内进行了瓦斯爆炸过程中爆炸波特征参数的测定并进行了分析。表 4.1 列出了瓦斯爆炸过程中爆炸波的特征参数测定结果。

表 4.1　瓦斯爆炸过程中爆炸波的特征参数

序号	长径比 (L/D)	峰值超压/ (0.1 MPa)	比冲量/ (MPa·s)	正压作用时间/ms	有无膜片	障碍物
1	17	0.90	3.16	36.88	无	2 个
2	65	0.96	11.23	32.00		

序号	长径比 (L/D)	峰值超压/ (0.1 MPa)	比冲量/ (MPa·s)	正压作用 时间/ms	有无膜片	障碍物
3	104	1.04	10.28	39.68	无	2个
4	127	0.85	18.11	71.70		
5	167	1.47	10.78	67.82		
6	17	1.35	10.13	7.68	有	2个
7	65	1.57	13.52	17.92		
8	104	1.20	25.00	21.76		
9	127	1.50	31.82	42.24		
10	167	1.47	41.52	25.6		
11	17	0.45	1.51	8.96	无	4个
12	65	0.78	11.00	37.12		
13	104	0.58	10.36	49.92		
14	127	0.83	20.38	46.08		
15	167	0.68	9.53	26.88		
16	17	1.58	12.34	24.32	有	4个
17	65	1.96	14.06	19.20		
18	104	1.48	11.64	24.32		
19	127	1.29	23.62	45.32		
20	167	1.09	10.75	25.60		
21	17	2.63	12.66	12.80	有	6个
22	65	2.53	11.73	22.77		
23	104	1.89	9.00	21.76		
24	127	1.68	19.24	44.80		
25	167	1.53	9.40	24.32		

4.2.1 障碍物对爆炸波的特征参数的影响

为了突出障碍物（加速片）对爆炸波的特征参数的影响，表4.2（有膜片）列出了其他条件基本相同而障碍物（加速片）不同的爆炸波的特征参数，图4.1、图4.2为对应的超压及比冲量与长径比的关系曲线。从中可以看出：障碍物对爆炸波的特征参数有很大影响，随着障碍物的增加，峰值超压值显著提高，比冲量也有变大的趋向。

表 4.2　不同障碍物时爆炸波的特征参数

长径比（L/D）		17	65	104	127	167
超压/MPa	2 个加速片	1.35	1.57	1.40	1.20	0.90
	4 个加速片	1.58	1.96	1.48	1.29	1.09
	6 个加速片	2.53	2.63	1.89	1.68	1.53
比冲量/(MPa·s)	2 个加速片	3.16	11.23	10.28	18.11	10.76
	4 个加速片	12.34	14.06	11.64	23.62	10.79
	6 个加速片	12.96	15.93	19.24	29.4	15.78

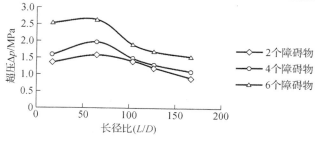

图 4.1　超压与长径比的关系曲线

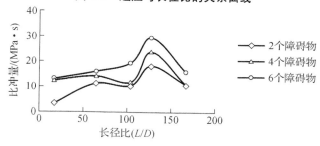

图 4.2　比冲量与长径比的关系曲线

4.2.2　膜片对爆炸波的特征参数的影响

为了突出膜片对爆炸波的特征参数的影响，图 4.3、图 4.4 给出了对应的超压及比冲量与长径比的关系曲线。从中可以看出：膜片对爆炸波的特征参数也有较大影响，有膜片时超压值比无膜片时明显增大，比冲量也有变大的趋向。

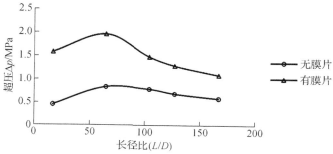

图 4.3　超压与长径比的关系曲线

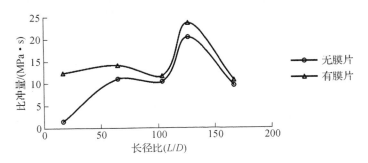

图 4.4 比冲量与长径比的关系曲线

上述分析结果表明：障碍物和膜片对瓦斯爆炸过程中爆炸波的特征参数具有重要影响。不同位置的超压、比冲量、正压作用时间也呈现一定的规律。当有障碍物时，瓦斯爆炸产生的超压值明显高于无障碍物时的超压，有膜片时的超压比无膜片时的超压大。在一定的长径比处，超压或比冲量可能达到一个极大值。在同样的条件下，加膜片后瓦斯爆炸所产生的超压值明显高于未加膜片时瓦斯爆炸所产生的超压值，而超压值的增大则会加重对人员的损伤程度和构筑物的破坏作用。在煤矿井下瓦斯爆炸过程中，井下风门和密闭墙往往类似于膜片的作用，当风门和密闭墙的抗压强度不够时，就会产生类似于破膜的现象，引起超压值的增大，使瓦斯爆炸对人员的损伤程度和井下构筑物的破坏作用加重，扩大了灾害波及的范围。例如，1997 年 11 月发生在淮南矿务局某矿的瓦斯爆炸事故，使爆炸地点附近多处通风设施遭到严重破坏，使灾害波及范围达千米。因此，为了防止发生瓦斯爆炸过程中的破膜现象，从而导致灾害波及范围的扩大，应使井下风门和密闭墙具有足够的强度。

4.3 爆炸波的传播特性及其破坏机制的探讨

瓦斯爆炸后，几乎是瞬时转变为高压和高温状态的气态爆炸产物，此气体急剧膨胀并迫使周围的空气离开它原来占据的位置，于是在此气体的前沿形成一压缩空气层。实际上，瓦斯爆炸的全部能量几乎都会变成爆炸波能量。然后，由于传播距离不断增大，气体与管壁摩擦增多，能流密度不断减小，单位质量气体的平均能量不断下降及其在传播过程中的能量损耗，它的速度迅速衰减，一直到零为止，即形成压力降低区。由于压力急剧下降，而体积不断膨胀，当爆炸产物膨胀到某一特定体积时，它的压力就降低至周围空气未经扰动时的初始压力 P_0，但是由于惯性作用，此时，爆炸产物并不会停止运动，而是过度膨胀，一直膨胀到某一最大体积，这时，爆炸产物的平均压力已低于周围气体未经扰动时的初始压力 P_0，出现了负压区。出现负压区后，周围的气体反过来又向爆炸中心运动，对爆炸产物进行第一次压缩，使其压力不断增加。同样，由于惯性作用，将产生过度压缩，爆炸产物的压力又会出现大于 P_0 的情况，这就又开始第二次膨胀压缩的脉动过程，经过若干次的膨胀—压缩过程后，最后停止，达到平衡。可以看出"气态爆炸产物—空气"系统是处于一种自由振荡状态（脉动状态）的。图 4.5 为典型的爆炸压力—时间曲线。

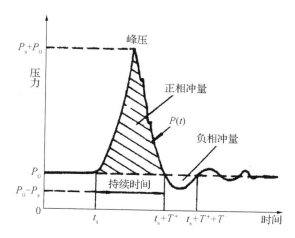

图 4.5　瓦斯爆炸时压力—时间曲线

在瓦斯爆炸过程中，当爆炸波与物体相遇时，过程会很复杂，包括反射、折射和绕射，而破坏类型则因加载在物体上压力的不同而很不相同，这主要由爆炸波的两个性质决定，即爆炸波超压（$P_s - P_0$）和正压区冲量 I_s。其中，超压为爆炸对墙或壁面施加的压力，墙的动力效应取决于爆炸的冲量，也就是爆炸压力—时间曲线所包围的面积，如图 4.5 所示。

冲量按式 $I_s = \int_{t_s}^{t_1} (P - P_0)\, \mathrm{d}t$ 计算。各种类型的破坏都是很复杂的，与物体的形状、位置和方向有很大的关系。

理论和实践均证明对于特定破坏模式或破坏等级，超压和冲量是两个重要的值。超压—冲量准则认为，破坏作用应由超压 P_s 与冲量 I_s 共同决定，它们的不同组合如果满足如下条件，就可以产生相同的破坏效应：

$$(P - P_{tr}) \times (I - I_{cr}) = C, \tag{4.1}$$

其中，P_{tr} 和 I_{cr} 分别为目标遭受破坏的临界超压值与临界冲量值，C 为常数，它们都与目标的性质和破坏等级有关。在 (P, I) 平面中，任何一条特定破坏曲线（等破坏线）都具有 3 种不同的破坏体制，即冲量破坏区、超压破坏区和动态破坏区。图 4.6 为一条特定破坏等级的等破坏线，这条等破坏线有两条渐近线：$I = I_{cr}$ 和 $P = P_{tr}$，I_{cr} 为临界冲量值。在 I_{cr} 左边和 P_{tr} 下边（有剖面线）的区域为不破坏区，即安全区，而右上边区域均为破坏区。破坏等

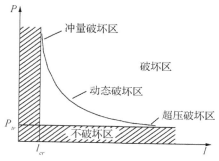

图 4.6　3 种不同的破坏区

级不同，等破坏线的位置也不同。破坏越强烈，等破坏线位置越趋右上方。

在冲量破坏区，施加于物体的冲量是最重要的破坏指标，而最大超压不是很重要。在这种体制下，爆炸波作用持续时间短于物体的特征响应时间。在爆炸波作用期间，物体没有明显的运动，所以冲量实际上是使动能储存在物体中，使物体产生应变，应变达到某一个值就会发生破坏。

在超压破坏区，决定物体破坏变形的仅仅是最大超压值。在这种情况下，正压作用时间要大于物体的特征响应时间，因此物体的最大破坏效应发生在压力急剧下降之前。这意味着物体储存位能，而位能的数量级相当于破坏性永久变形所需要的应变能。

在一般情况下，压力和冲量的渐近线与爆炸波的形状无关，但在爆炸波作用时间接近于结构的特征响应时间的动态破坏区内，与爆炸波形状还是有一定关系的。

爆炸波的能量一般主要集中在正压区，而对于周围物体的破坏作用来说，正压区的影响远远大于负压区。所以对于物体的破坏作用，一般可不考虑负压区的影响和作用，用超压 Δp、正压作用时间 T^+ 和比冲量 I^+ 3 个参数来度量。超压对人员的损伤及对构筑物的破坏作用分别如表 4.3 和表 4.4 所示，从中可以看出超压对人员的损伤和构筑物的破坏具有重要作用。

表 4.3 超压对人员的损伤程度

等级	超压/(×100 kPa)	损伤程度
轻微	0.2 ~ 0.3	轻微挫伤肺部和中耳、局部心肌撕裂
中等	0.3 ~ 0.5	中度中耳和肺挫伤，肝、脾包膜下出血，融合性心肌撕裂
重伤	0.5 ~ 1.0	重度中耳和肺挫伤，脱臼，心肌撕裂，可能引起死亡
死亡	>1.0	体腔、肝脾破裂，两肺重度挫伤

表 4.4 不同超压对构筑物的破坏程度

序号	超压/(×100 kPa)	破坏程度
1	0.015 ~ 0.020	房屋玻璃破坏
2	0.1 ~ 0.2	构筑物局部破坏
3	0.2 ~ 0.3	构筑物轻度破坏，墙裂缝
4	0.4 ~ 0.5	构筑物中度破坏，墙大裂缝
5	0.6 ~ 0.7	构筑物严重破坏，部分倒塌，钢筋混凝土破坏
6	0.7 ~ 1.0	砖墙倒塌
7	>1.0	钢筋混凝土构筑物破坏，防震钢筋混凝土破坏

图 4.7 表示某点时单位正方体空气变化的情况。爆炸波到达该点之前，边长为 1 的正方体空气是静止的，压强为 P_0，在爆炸波传播方向上，正方体空气被压扁，并且具有一个跟随爆炸波传播方向的运动速度。随着正压区的传播，压力、密度和气流速度逐渐降低，但是

仍然都大于未压缩前的初始状态。在正压区末端，气体的压力和密度降低到 P_0、ρ_0，压扁的正方体空气恢复成正方体形状，气体也停止运动；在负压区内，气体呈稀疏状态，气体压力和密度皆小于 P_0、ρ_0，在爆炸波传播方向上，正方体空气被拉成长方体，气体具有一个与爆炸波传播方向相反的运动速度；负压区过后，正方体空气仍恢复到原来的静止状态。

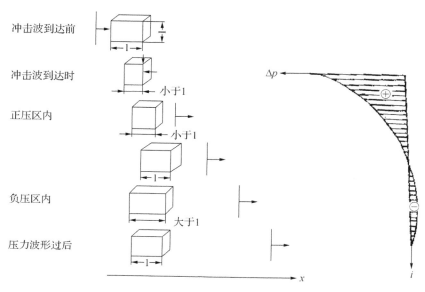

图 4.7　爆炸波通过某点时单位正方体空气的变化

4.4　小结

①障碍物对瓦斯爆炸过程中爆炸波的特征参数具有重要的影响，随着障碍物数量的增加，超压值增大；有障碍物时产生的超压值大于无障碍物时产生的超压值，有障碍物时的比冲量也比无障碍物时的大。超压与比冲量二者之一的增大都有可能使得爆炸的破坏能力增强，所以要减小爆炸的破坏性应尽量减少障碍物。

②膜片对瓦斯爆炸过程中爆炸波的特征参数具有重要的影响。加膜片后瓦斯爆炸所产生的超压值明显高于未加膜片时瓦斯爆炸所产生的超压值，加膜片后的比冲量高于未加膜片时的比冲量。超压值的增大则会加重对人员的损伤程度和构筑物的破坏作用，因此，为了防止发生瓦斯爆炸过程中的破膜现象，导致灾害波及范围的扩大，应使井下风门和密闭墙具有足够的强度。

③瓦斯爆炸后，几乎是瞬时转变为高压和高温状态的气态爆炸产物，此气体急剧膨胀并迫使周围的空气离开它原来占据的位置，于是在此气体的前沿形成一压缩空气层。然后，由于传播距离不断增大，气体与管壁摩擦增多，能流密度不断减小，单位质量气体的平均能量不断下降及其在传播过程中的能量损耗，它的速度迅速衰减，一直到零为止，即形成压力降低区。由于压力急剧下降，而体积不断膨胀，当爆炸产物膨胀到某一特定体积时，它的压力

就降低至周围空气未经扰动时的初始压力 P_0，但是由于惯性作用，此时，爆炸产物并不会停止运动，而是过度膨胀，一直膨胀到某一最大体积，这时，爆炸产物的平均压力已低于周围气体未经扰动时的初始压力 P_0，出现了负压区。出现负压区后，周围的气体反过来又向爆炸中心运动，对爆炸产物进行第一次压缩，使其压力不断增加。同样，由于惯性作用，将产生过度压缩，爆炸产物的压力又会出现大于 P_0 的情况，这就又开始第二次膨胀压缩的脉动过程，经过若干次的膨胀—压缩过程后，最后停止，达到平衡。可以看出"气态爆炸产物—空气"系统是处于一种自由振荡状（脉动状态）的。

第5章　火焰与爆炸波之间的相互关系

5.1　引言

煤矿安全规程规定，开采有煤尘爆炸危险煤层的矿井，必须采取隔绝爆炸传播的措施，如设置岩粉棚、水棚等，其目的是尽可能将火焰传播范围限制在最小范围内。发生爆炸事故时，火焰前的冲击波将台板震倒，岩粉或水雾弥漫于空气中，火焰到达时，从燃烧的煤尘中吸热，使火焰传播速度迅速下降。但是，这些防治瓦斯爆炸的措施在实际使用过程中有时发挥作用，有时并未发挥作用，其原因在于对瓦斯爆炸过程中火焰与爆炸波之间的相互关系并不清楚，导致防治措施的响应时间未能准确掌握，使防治措施未能发挥应有的作用。针对这种情况，本章对第3章和第4章的实验结果进行了分析，研究了火焰与爆炸波之间的相互关系，以期对瓦斯爆炸机制研究有所裨益，对矿井瓦斯爆炸的实际防治工作有所帮助。

5.2　实验结果及分析

5.2.1　火焰与爆炸波之间的相互关系

图5.1至图5.3分别为2个、4个和6个障碍物时火焰与爆炸波之间的相互关系曲线。从中可以看出：爆炸波在火焰前方，先于火焰传播，其传播速度明显高于火焰，在爆源附近，传播同样的距离，它们之间的时间间隔较大。随着火焰进一步连续加速，在接近实验管端，火焰追赶上爆炸波，爆炸波和火焰相互作用，最终达到形成爆轰的临界状态。但是，这种情况和障碍物的数量有关，当障碍物为2个时，爆炸波和火焰的传播曲线基本上为两条平行曲线，在相同长径比位置上表现为爆炸波在前、火焰在后，即火焰赶不上爆炸波；当障碍物为4个时，火焰赶上爆炸波时的长径比为190；当障碍物为6个时，火焰赶上爆炸波时的长径比为175。可见，障碍物的增加对火焰的加速作用大于对爆炸波的加速作用。

由爆炸力学可知，一旦火焰赶上爆炸波，则容易形成爆轰波，而一旦形成爆轰波，就会有很高的局部压力，这种转变有极大破坏性，可以使火焰发生毁坏性畸变。对于煤矿井下来说，就会造成设备更大程度的损坏、人员的更大伤亡。故而，应尽量避免和消除煤矿井下不必要的障碍物的存在，以防止一旦发生瓦斯爆炸，导致爆轰波的出现，将灾害损失降到最低程度。

现煤矿井下在开采有瓦斯煤尘爆炸危险性的煤层时，多数采用的隔爆措施为水棚或岩粉棚，该隔爆措施是否发挥作用的一个重要参数在于隔爆措施的响应时间是否满足要求，即爆

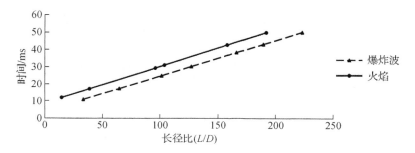

图 5.1　2 个障碍物时不同位置爆炸波和火焰的传播曲线

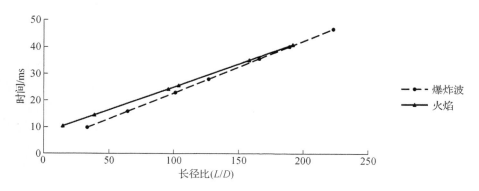

图 5.2　4 个障碍物时不同位置火焰和爆炸波的传播曲线

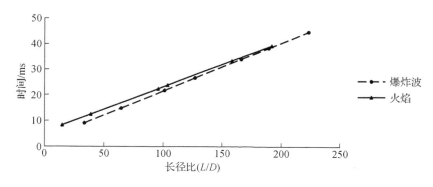

图 5.3　6 个障碍物时不同位置火焰和爆炸波的传播曲线

炸波启动隔爆措施后，隔爆措施能否及时将火焰扑灭，而该响应时间应当≤爆炸波与火焰之间的时间差。由图 5.1 至图 5.3 可以看出，随着障碍物的增加、长径比的增大，爆炸波和火焰之间的时间差总在几个毫秒左右。采用最小二乘法回归后得到的曲线特征值如表 5.1 所示，从中可以发现，火焰与爆炸波的截距值相差最大不超过 5 ms，因此，以爆炸波为启动信号的隔爆措施的响应时间应控制在 5 ms 之内，以保证这些隔爆设施能够及时响应，发挥隔爆作用，这为现场安设隔爆设施提供了依据。

表 5.1　回归曲线的特征参数 *m*、*b*、*r* 值

序号	曲线类型	斜率（*m*）	截距（*b*）	相关系数（*r*）	障碍物
1	爆炸波	0.207	3.88	0.991	2 个
2	火焰	0.214	8.74	0.990	2 个
3	爆炸波	0.193	3.33	0.980	4 个
4	火焰	0.170	7.82	0.974	4 个
5	爆炸波	0.188	2.65	0.976	6 个
6	火焰	0.175	5.62	0.969	6 个

5.2.2　障碍物对火焰、爆炸波传播的影响

图 5.4、图 5.5 分别为火焰与爆炸波的传播曲线，从中可以看出：随着障碍物的增加，爆炸波和火焰的传播速度明显增大。障碍物对爆炸波和火焰的这种加速作用，笔者认为，主要是由于在障碍物附近形成高浓度的黏性边界层，从而导致湍流，湍流使爆炸波和火焰加速，加速的爆炸波和火焰又增强湍流，这种正反馈作用使爆炸波和火焰不断加速。在这种作用过程中，由于火焰在障碍物附近形成的高浓度的黏性边界层作用大于爆炸波在障碍物附近形成的高浓度的黏性边界层，所以，障碍物对火焰的加速作用大于爆炸波的加速作用，而爆炸波和火焰传播速度的增大，则会扩大爆炸事故的影响范围。从这个意义上来说，为了防止瓦斯爆炸，缩小波及范围，也应尽量避免煤矿井下不必要的障碍物的存在。

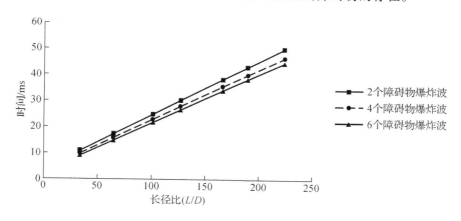

图 5.4　爆炸波的传播曲线

从上述回归曲线中可知，瓦斯爆炸过程中爆炸波和火焰的传播规律可表示为：$T = m \times (L/D) + b$，式中，T 为时间，L/D 为长径比，m、b 为回归曲线的特征参数。回归曲线的特征参数如表 5.1 所示，从中可以看出，回归所得到的相关系数 r 值大于 0.9，因而回归曲线的结果是显著的。同时，随着障碍物的增加，无论对于火焰还是爆炸波，其 r 值均略有降低，这表明，随着障碍物的增加，火焰和爆炸波的传播规律的线性度减小，非线性度增大。

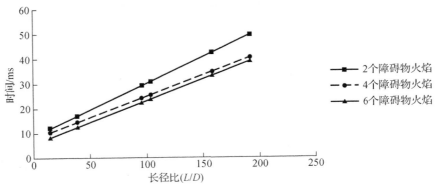

图 5.5　火焰的传播曲线

5.3　小结

①在瓦斯爆炸过程中，爆炸波在火焰前方，先于火焰传播，其传播速度明显高于火焰，爆炸波与火焰之间的时间差不仅和位置有关，还和障碍物的数量有关。在爆源附近，它们之间的时间差较大，随着障碍物的增多，爆炸波和火焰时间差有所减小，这为现场安设隔爆设施提供了参考依据。

②障碍物对爆炸波和火焰的传播具有加速作用，这种加速作用主要是由于在障碍物附近形成高浓度的黏性边界层，从而导致湍流，湍流使爆炸波和火焰加速，加速的爆炸波和火焰又增强湍流，这种正反馈作用使爆炸波和火焰不断加速。在这种作用过程中，由于火焰在障碍物附近形成的高浓度的黏性边界层作用大于爆炸波在障碍物附近形成的高浓度的黏性边界层，所以，障碍物对火焰的加速作用大于爆炸波的加速作用。

③在瓦斯爆炸过程中，爆炸波和火焰的传播规律均可表示为：$T = m \times (L/D) + b$，回归所得到的相关系数 r 值大于 0.9，表明回归曲线的结果是显著的。随着障碍物的增加，火焰和爆炸波的传播规律的线性度减小，非线性度增大。

第6章 瓦斯爆炸数值模拟

瓦斯爆炸是一个十分复杂的物理化学过程。由于爆炸过程中流体各参数如速度、压力等随时间和空间发生随机变化，目前还不可能用计算机对非稳态的 Navier-Stokes 方程进行直接计算求解。工程计算中，一般对控制方程进行雷诺分解和平均，使所得出的关于时均物理量的控制方程中包含了脉动物理量乘积的时均值等未知量，因而所得的方程组不封闭，此时需建立各种模型把未知的高阶的时间平均值表示成较低阶的在计算中可以确定的量的函数，从而得到可以求解的封闭的方程组。

本章基于均相反应时均方程组、k-ε 湍流模型和 EBU-Arrhenius 燃烧模型，建立了均相燃烧流动的理论模型，并运用基于 SIMPLE 数值解法的大型通用程序 PHOENICS 对瓦斯爆炸进行了数值模拟。

6.1 数学模型

均相燃烧是多组分均相流体的化学反应，且遵循燃烧学的基本定律，因而可以从描述燃烧规律的基本定律（质量守恒、动量平衡、能量平衡和化学组分平衡）出发来建立基本方程组。

6.1.1 均相湍流燃烧的时均方程组

对基本方程进行 Reynolds 分解和平均，从而得到 Reynolds 时均方程，在各向同性湍流条件下，引入各向同性湍流黏性系数的概念，用 Boussineq 公式表达 Reynolds 时均方程中关联项，则可得到以下均相湍流燃烧的时均方程组。

连续方程：

$$\frac{\partial \rho}{\partial t} + \frac{\partial}{\partial x_i}(\rho u_i) = 0。 \tag{6.1}$$

动量方程：

$$\frac{\partial}{\partial t}(\rho u_i) + \frac{\partial}{\partial x_j}\left(\rho u_j u_i - \mu_e \frac{\partial u_i}{\partial u_j}\right) = -\frac{\partial p}{\partial x_i} + \frac{\partial}{\partial x_j}\left(\mu_e \frac{\partial u_j}{\partial u_i}\right) - \frac{2}{3}\frac{\partial}{\partial x_j}\left[\delta_{ij}\left(\rho k + \mu_e \frac{\partial u_k}{\partial x_k}\right)\right]。 \tag{6.2}$$

能量方程：

$$\frac{\partial}{\partial}(\rho h) + \frac{\partial}{\partial x_j}\left(\rho u_j h - \frac{\mu_e}{\sigma_k}\frac{\partial h}{\partial x_j}\right) = \frac{Dp}{Dt} + S_k, \tag{6.3}$$

其中，

$$S_k = \tau_{ij}\frac{\partial u_i}{\partial x_j} + \frac{\mu_t}{\rho^2}\frac{\partial p}{\partial x_j}\frac{\partial \rho}{\partial x_j};$$

$$\tau_{ij} = \mu\left(\frac{\partial u_i}{\partial x_j} + \frac{\partial u_j}{\partial x_i}\right) - \frac{2}{3}\delta_{ij}\mu\frac{\partial u_k}{\partial x_k}\,。$$

质量分数方程：

$$\frac{\partial}{\partial t}(\rho Y_{fu}) + \frac{\partial}{\partial x_j}\left(\rho u_j Y_{fu} - \frac{\mu_e}{\sigma_{fu}}\frac{\partial Y_{fu}}{\partial x_j}\right) = R_{fu}\,。 \tag{6.4}$$

其中，下标 j、k 为哑标，表示一种求和约定；

下标 i 为自由标，不具有求和含义；

δ_{ij} 为单位张量，且有 $\delta_{ij} = \begin{cases} 1, & (i=j) \\ 0, & (i \neq j) \end{cases}$；

ρ、p 分别为流体的密度与压力，u_i 为质点速度在 i 方向分量，h 为焓，Y_{fu} 为燃料组分的质量分数，且有 $Y_{fu} = \dfrac{\rho_{fu}}{\rho}$，其中，$\rho_{fu}$ 为燃料组分的质量浓度，R 为气云混合物的时均燃烧速率（参见 6.1.3），k 为湍流动能，μ_e 的值见 6.1.2。

6.1.2 湍流模型

为了封闭上述均相燃烧的时均方程组，可采取湍流统观模拟方法（用低阶关联量和平均流性质来模拟未知的高阶关联项），其任务是直接模拟时均方程的关联项或各方程中的湍流黏性系数 μ_t，通常根据决定 μ_t 所需求解的微分方程的个数把湍流黏性系数的模型分成：零方程模型（混合长度模型）、单方程模型和双方程模型。k-ε 模型是双方程模型中应用最广泛的一种，大量的工程预报表明确，k-ε 湍流模型有较大的适用性，因而本书选取 k-ε 模型来描述燃烧过程中的湍流特性。其基本方程如下。

k 方程：

$$\frac{\partial(\rho k)}{\partial t} + \frac{\partial}{\partial x_j}\left(\rho u_j k - \frac{\mu_e}{\sigma_k}\frac{\partial k}{\partial x_j}\right) = G - \rho\varepsilon\,。 \tag{6.5}$$

ε 方程：

$$\frac{\partial}{\partial}(\rho\varepsilon) + \frac{\partial}{\partial x_j}\left(\rho u_j\varepsilon - \frac{\mu_e}{\sigma_\varepsilon}\frac{\partial\varepsilon}{\partial x_j}\right) = C_1 G\frac{\varepsilon}{k} - C_2\rho\frac{\varepsilon^2}{k}\,。 \tag{6.6}$$

其中，

$$G = \frac{\partial u_i}{\partial x_j}\left[\mu_e\left(\frac{\partial u_i}{\partial u_j} + \frac{\partial u_j}{\partial u_i}\right) - \frac{2}{3}\delta_{ij}\left(\rho k + \mu_e\frac{\partial u_k}{\partial u_k}\right)\right];$$

$$\mu_e = \mu + \mu_t;$$

$$\mu_t = \frac{C_\mu\rho k^2}{\varepsilon}\,。$$

上述各方程中的经验常数如表 6.1 所示。

表 6.1　各方程中的系数

C_μ	C_1	C_2	σ_k	σ_ε	σ_T	σ_{fu}
0.09	1.44	1.79	1.0	1.3	0.7	0.7

6.1.3　燃烧模型

为了封闭上述湍流时均方程组，还需合理模拟湍流燃烧速率 R_{fu}。对于预混的可燃气体，可选用湍流预混火焰中的 EBU-Arrhenius 燃烧模型来描述过程中湍流燃烧速率的变化，其基本思想是：燃烧反应率主要由层流反应机制（Arrhenius 机制）和湍流脉动机制控制：在湍流燃烧区域，火焰外边界上发生的湍流卷吸过程导致流体块的产生，流体块是由不同条件流体的夹层组成，富燃料流体层和富空气流体及热流体层和冷流体层相互穿插与交错，该区域平均的化学反应速率仅与由湍流涡旋拉伸引起的涡旋心尺寸减小速率有关，不考虑化学动力学因素的影响，并假定燃烧速率完全由湍流混合决定；在速度梯度大，混气温度不高，并无剧烈的化学反应的区域，其燃烧速率主要由 Arrhenius 层流反应机制控制；实际的燃烧速率取两者绝对值较小的一个，具体有以下方程：

$$R_{fu} = \min(\,|\,R_{fu.\,A}\,|\,,\,|\,R_{fu,\,T}\,|\,)\,, \tag{6.7}$$

其中，

$$R_{fu.\,A} = B\rho^2 Y_1 Y_2 \exp\left(-\frac{E}{RT}\right);$$

$$R_{fu.\,T} = C_{EBU}\rho\,\frac{\varepsilon}{k}\min(\,Y_1\,,Y_2\,,Y_3\,)\,。$$

其中，

B 为频率因子，E 为活化能，R 为普适气体常数；

$R_{fu.\,A}$ 为 Arrhenius 类型的燃烧速率；

$R_{fu.\,T}$ 为湍流燃烧速率；

C_{EBU} 为经验常数，通常取 $0.35 \sim 0.40$；

Y_1、Y_2、Y_3 分别表示燃料、氧分和燃烧产物的质量分数。

6.1.4　壁面函数

壁面附近的流场较为复杂，因在与壁面相邻接的黏性支层中，湍流 Reynolds 数很低，分子黏性的影响已不能忽略，上面介绍的高 Reynolds 数 k-ε 模型不再适用，需做相应修改。此时可选用低 Reynolds 数 k-ε 模型或采用壁面函数法来处理壁面附近区域。由于黏性支层内的速度和温度梯度都很大，采用低 Reynolds 数 k-ε 模型方法来处理壁面附近黏性支层时要布置相当多的节点，因而无论在计算时间与所需内存方面都要求比较多。采用壁面函数法，在黏性支层不需布置任何节点，直接把第一个与壁面相邻的节点布置在旺盛区域内，此时壁面上的切应力与热流密度仍按第一个内节点与壁面上的速度及温度之差来计算。这种方法可以节省内存和计算时间，因而应用较广。此处选取由 Launder 和 Spalding 给出的壁面函数来给定管壁面附近内流场的边界条件。用 P 表示第一个与壁面相邻的布置在黏性支层外的格点的值，w 表示壁面上格点的值。

壁面剪应力：

$$\tau_w = \frac{\rho C_\mu^{0.25} k_P^{0.5} k\,(u_P - u_w)}{\ln(Ey_P^+)}\,。 \tag{6.8}$$

热流密度：

$$q_w = \frac{C_P \rho C_u^{0.25} k_P^{0.5} (T_P - T_w)}{\sigma_T [\ln(E y_P^+)/k + P_\Delta]} \text{。}$$ (6.9)

其中，

$$y_P^+ = \rho C_\mu^{0.25} k_P^{0.5} y_P / \mu \text{；}$$

$$P_\Delta = 9.24 \left[\left(\frac{\sigma_L}{\sigma_T} \right)^{0.25} - 1 \right] \text{。}$$

其中，

C_P 为混合气体的定压比热；

u_P，T_P 分别为气体在黏性支层附近 P 点的速度和温度；

u_w，T_w 分别为混合气体在壁面上的速度和温度；

y_P^+ 为格点 P 到壁面的无量纲距离；

Von Karman 常数 $K = 0.42$；

σ_L、σ_T 分别为层流与湍流 Prantl 数。

由紊流力学可知，假设所计算的问题的壁面处于粗糙区时，则近壁区无量纲速度分布服从对数分布律：

$$u_P^+ = \frac{u}{v^*} = \frac{1}{k} \ln\left(\frac{y_P}{k_s} \right) + B = \frac{1}{k} \ln y_P^+ + B \text{。}$$ (6.10)

为了反映湍流脉动的影响需把 y_P^+ 的定义扩展为：

$$y_P^+ = \frac{y_P C_\mu^{0.25} k_P^{0.5}}{\gamma} \text{。}$$

速度的对数分布律可写成：

$$u_P^+ = \frac{1}{k} \ln(E y_P^+) \text{。}$$ (6.11)

由式（6.10）与（6.11）有：

$$E = \frac{e^{kB}}{k_s} \frac{y_P}{y_P^+} = \frac{e^{kB}}{k_s} \frac{\gamma}{C_\mu^{0.25} k_P^{0.5}} \text{。}$$ (6.12)

其中，

$B = 8.5$；

γ 为流体的运动黏度，且 $\gamma = \frac{u}{\rho}$；

k_s 为壁面粗糙度平均高度值。

壁面黏性层外第一个节点的湍流动能仍按 k 方程计算，其边界条件为 $\left(\frac{\partial k}{\partial y} \right)_P = 0$，其中，$y$ 为垂直于壁面的坐标。此时的湍流动能耗散率可由式（6.13）求得：

$$\varepsilon_P = \frac{C_\mu^{0.75} k_P^{1.5}}{k y_P} \text{。}$$ (6.13)

计算过程中，还需注意第一个内节点与壁面间的无量纲距离 y_P^+（或 x_P^+，其定义与 y_P^+

相同）应满足：$y_P^+ \leqslant 200 \sim 400$；$x_P^+ \geqslant 11.5 \sim 30.0$。

6.2 热理想气体混合物关系式

混合气体及其各组分都服从理想气体的状态关系，则由道尔顿定律可知，气体混合物的总压力等于各组分的分压之和，而总质量密度等于各组分质量浓度之和，即

$$\rho = \sum_{i=1}^{n} \rho_i ; P = \sum_{i=1}^{n} P_i \text{。}$$

组分 i 的质量分数定义为：

$$Y_i = \frac{\rho_i}{\rho} \text{。}$$

由理想气体的状态方程有：

$$P_i = \frac{\rho_i RT}{W_i} = N_i \bar{R} T ,$$

$$P = \frac{\rho RT}{W} = N \bar{R} T ,$$

其中，W_i 表示第 i 组分的分子量。

i 组分的摩尔分数 X_i 为：

$$X_i = \frac{N_i}{N} = \frac{P_i}{P} ,$$

其中，N_i 表示第 i 组分的摩尔数。

由于：

$$N = \sum_{i=1}^{n} N_i , R = \sum_{i=1}^{n} Y_i R_i ,$$

$$\rho = \sum_{i=1}^{n} \rho_i = \sum_{i=1}^{n} N_i w_i = NW ,$$

其中，R 是混合气体的有效气体常数。

则有以下关系式：

$$W = \sum_{i=1}^{n} X_i W_i = \left(\sum_{i=1}^{n} Y_i / W_i \right)^{-1} , X_i = Y_i W / W_i \text{。}$$

混合气体的定压比热为：

$$C_P = \sum_{i=1}^{n} Y_i C_{pi} \text{。}$$

6.3 数值方法

为了介绍方便，以下方程组的离散以二维为例，三维方程组的离散可依此类推。

6.3.1 二维方程的离散

以上各守恒方程的二维形式可写成如下通式：

$$\frac{\partial}{\partial t}(\rho\phi) + \frac{\partial}{\partial x}\left(\rho u\phi - \Gamma_\phi \frac{\partial\phi}{\partial x}\right) + \frac{\partial}{\partial y}\left(\rho\nu\phi - \Gamma_\phi \frac{\partial\phi}{\partial y}\right) = S_\phi。 \tag{6.14}$$

引入 x 与 y 方向的对流——扩散总通量分别有如下表达式：

$$J_x = \rho u\phi - \Gamma\frac{\partial\phi}{\partial x}, J_y = \rho\nu\phi - \Gamma\frac{\partial\phi}{\partial y},$$

其中，u 和 v 分别为 x 和 y 方向的速度分量。

将通式（6.14）在以 P 点为代表的主控制容积内（图6.1）做时间与空间的积分，并假设：

①以 $\dfrac{(\rho\phi)_P - (\rho\phi)_P^0}{\Delta t}$ 近似替代 $\dfrac{\partial(\rho\phi)}{\partial t}$，其中，上标"$O$"表示上一时间步的值，其他值（不带上标的值）为该时间步的值。

②源项 S_ϕ 与 ϕ 有线性关系，则有 $S_\phi = S_c + S_P\phi$，其中，S_c 和 S_P 为常数，且一般要求 $S_c \geq 0$，$S_P \leq 0$。

③x 和 y 两个方向的总通量密度（对流——扩散总通量）J_x、J_y 在各自的界面 e、w 及 n、s 上是均匀的，则有：

$$\int_s^n \int_w^e \frac{\partial J_x}{\partial x}\mathrm{d}x\mathrm{d}y = \int_s^n \left(J_x^e - J_x^w\right)\mathrm{d}y \cong \left(J_x^e - J_x^w\right)\Delta y = J_e - J_w,$$

其中，J_x^e、J_x^w 分别代表 x 方向上在 e 界面及 w 界面处单位面积上的转移量，Δx、Δy 为主控制容积面的 x、y 两个方向上的长度，而 J_e、J_w 则是面积 $\Delta y \times 1$ 的主控制容积面上的总流量密度值。

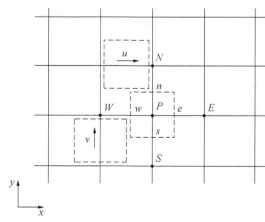

图6.1　二维网格示意

将通式（6.14）在主控制容积面内积分，则有：

$$\frac{(\rho_P\phi_P - \rho_P^0\phi_P^0)\Delta x\Delta y}{\Delta t} + J_e - J_w + J_n - J_s = (S_c + S_P\phi_P)\Delta x\Delta y。 \tag{6.15}$$

类似地，可以在主控制容积面内积分连续方程（6.1），则有：

$$\frac{(\rho_P - \rho_P^0)\Delta x\Delta y}{\Delta t} + F_e - F_w + F_n - F_s = 0。 \tag{6.16}$$

其中，F_e、F_w、F_n 及 F_s 分别是通过主控制容积面 e、w、n 及 s 的质量流量，且有：

$$F_e = (\rho u)_e \Delta y;$$
$$F_w = (\rho u)_w \Delta y;$$
$$F_n = (\rho v)_n \Delta x;$$
$$F_s = (\rho v)_s \Delta x。$$

若式（6.15）$-\phi_P \times$ 式（6.16），则有：

$$(\phi_P - \phi_P^O)\frac{\rho_P^O \Delta x \Delta y}{\Delta t} + (J_e - F_e\phi_P) - (J_w - F_w\phi_P) + (J_n - F_n\phi_P) - (J_s - F_s\phi_P) = (S_c + S_P\phi_P)\Delta x \Delta y。$$

(6.17)

又由于：

$$J_e - F_e\phi_P = A_E(\phi_P - \phi_E);$$
$$J_w - F_w\phi_P = A_W(\phi_W - \phi_P);$$
$$J_n - F_n\phi_P = A_N(\phi_P - \phi_N);$$
$$J_s - F_s\phi_P = A_S(\phi_S - \phi_P)。$$

将以上方程代入式（6.17），可得到如下所示的均相流标准方程（6.14）的离散化形式：

$$A_P\phi_P = A_E\phi_E + A_W\phi_W + A_N\phi_N + A_S\phi_S + B_1。$$

(6.18)

其中，

$$A_P = A_E + A_W + A_N + A_S + A_P^O - S_P\Delta x \Delta y;$$
$$B_1 = S_c\Delta x \Delta y + A_P^O\phi_P^O;$$
$$A_E = D_e A(P_{\Delta e}) = D_e A(|P_{\Delta e}|) + [|-F_e, 0|];$$
$$A_W = D_w A(P_{\Delta w}) = D_w A(|P_{\Delta w}|) + [|-F_w, 0|];$$
$$A_N = D_n A(P_{\Delta n}) = D_n A(|P_{\Delta n}|) + [|-F_n, 0|];$$
$$A_S = D_s A(P_{\Delta s}) = D_s A(|P_{\Delta s}|) + [|-F_s, 0|]。$$

其中，$A_P^O = \dfrac{\rho_P \Delta x \Delta y}{\Delta t}$，$F_e = (\rho u)_e \Delta y$，$F_w = (\rho u)_w \Delta y$，$F_n = (\rho v)_n \Delta x$，$F_s = (\rho v)_s \Delta x$，$D_e = \dfrac{\Gamma_e \Delta y}{(\delta x)_e}$，$D_w = \dfrac{\Gamma_w \Delta y}{(\delta x)_w}$，$D_n = \dfrac{\Gamma_n \Delta x}{(\delta y)_n}$，$D_s = \dfrac{\Gamma_s \Delta x}{(\delta y)_s}$，$A(|P_\Delta|)$ 的计算式取决于所选用的格式，本书选用迎风差分格式，则有 $A(|P_\Delta|) = 1$。

其中，字母 N、S、W、E 分别表示主网格上、下、左、右 4 个边界格点，P 表示中心格点，虚线框表示控制容积，字母 n、s、w、e 则分别表示以 P 为中心格点的控制容积的上、下、左、右 4 个虚线边界面，如图 6.1 所示。

上述通式是在以 P 点为中心格点的控制容积内离散得到的，其形式仅适用于除计算速度场以外的其他方程。由于动量方程的源项中含有压力梯度项 $\dfrac{\partial P}{\partial x_i}$，若把速度 u、v 和其他变量均存于同一套网格，用得到的离散方程来求解流场，就会出现以下问题：如果在流场迭代求解过程的某一层次上，在压力场的当前值中加上一个锯齿状的压力波，则动量方程的离散形式无法把这一不合理的分量检测出来，它一直会保留到迭代过程收敛而且被作为正确的压力场输出。为了建立动量方程的网格系统，使其离散形式能检测出不合理的压力场，Pantandar 和 Spalding 引进了由 Harlow 和 Welch 首先在他们的 MAC 方法中采用的"交错网格"，如图 6.2 所示，把 x 方向的速度、y 方向的速度及压力 P（包括其他变量）分别存储 3 套不同的网格，其中，速度 u 存于主控制容积（压力 P 的控制容积）的左、右界面上，速度 v 存于主控制容积的上、下界面上。u、v 各自的控制容积则是以速度所在位置为中心，并由图 6.1 可知，u 控制容积与主控制容积之间在 x 方向有半个网格步长的错位，而 v 控制容积与主控制容积之间在 y 方向上有半个网格步长的错位。采用交错网格后，数值计算时必须提供有关速度分量位置的全部指示值与几何信息，而且必须进行相当烦琐冗长的内插，但它所带来的好处是值得付出这样的代价。

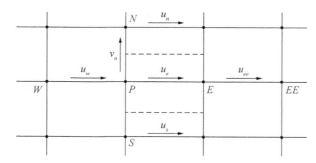

图 6.2　速度 u_e 的 4 个邻点

对速度 u 与 v 采用"交错式"网格后，动量方程的离散则分别在它们各自的控制容积面上进行，离散方法可仿上，则关于 u_e、v_n 分别有以下形式的离散方程：

$$A_e u_e = \sum A_{nb} u_{nb} + A_e(P_P - P_E) + B_u;$$

$$A_n u_n = \sum A_{nb} u_{nb} + A_n(P_P - P_E) + B_v。$$

其中，u_{nb} 是 u_e 邻点速度（如图 6.2 中的 u_{ee}、u_n、u_w 及 u_s），B_u 为不包括压力在内的源项中的部分（$B_u = S_c \Delta v + a_e^0 u_e^0$），速度 v_n 中各邻点速度位置与 u_e 类似。

6.3.2　离散方程的求解

将以上各偏微分方程离散成代数方程（6.18）后，需选用合适的方法来求解。代数方程求解一般采用直接法与迭代法。直接解法——TDMA 法（Tridiagonal Martix Algorithm）对一维问题非常有效，但求解二维或三维问题的代数方程的直接解法是非常复杂的，且对计算机内存与计算速度要求较高。而迭代法从一个估计的因变量初始场开始，再利用代数方程求得一个改进的场。重复进行这一算法过程最后求得一个充分接近代数方程精确解的解。迭代法只要求很少一点计算机存贮量，且收敛速度较快，因而对于处理非线性与多维问题，迭代方法特别有吸引力。

线性代数方程的迭代解法很多，较常用的有点迭代法、块迭代法及强隐迭代法等。

采用块迭代法，把求解区域分成若干块，每块可由一条或数条网格线组成。在同一块中各节点上的值用代数方程的直接法（TDMA 法）来求解，从一块到另一块的推进用迭代的方式进行。当每块由一条网格线组成时，块迭代法就变成线迭代法。线迭代法是一种较常用的迭代法。它主要有如下特点。

①对于某一选定线的网格点上的离散化方程，包含沿两相邻线上网格点的参数 ϕ，且这些参数 ϕ 用它们的最新值取代，将所选定线网格点的方程看成是一些一维方程，采用 TDMA 法求解。

②采用交替方向扫描，可以加快迭代的收敛速度，即先是逐行（或逐列）进行一次扫描，再逐列（或逐行）进行一次扫描，两次全场扫描组成一轮迭代。用公式表示为：

$$A_P\phi_P^{(n+1)/2} = A_E\phi_E^{(n+1)/2} + A_W\phi_W^{(n+1)/2} + (A_N\phi_N + A_S\phi_S + B_1)，\tag{6.19}$$

$$A_P\phi_P^{n+1} = A_E\phi_E^{(n+1)/2} + A_W\phi_W^{(n+1)/2} + (A_N\phi_N^{n+1} + A_S\phi_S^{n+1} + B_1)。\tag{6.20}$$

从上面可看出，TDMA 法是线迭代法的基础，它是求解有限差分代数方程的基本算法，其具体算法详见文献［62］。

6.3.3　压力修正方程的推导

在将变量 ϕ 的方程标准形式（6.14）离散成代数方程（6.18）后，代数方程中系数含有流动项 $F_E = (\rho u)_E\Delta y$，$F_W = (\rho u)_W\Delta y$，$F_S = (\rho v)_S\Delta x$，$F_N = (\rho v)_N\Delta x$，因而需先知道流场后才能求出变量 ϕ 离散化方程（6.18）的系数。一般情况下，流场是不能预知的，所以有必要在求变量 ϕ 的方程之前求解动量方程和连续方程，又因动量方程的源项中含有未知的压力梯度项，给求解带来了困难，所以求解关键是如何求解压力场。目前常用压力修正法来确定压力场，其基本思想是：预先给定压力场（它可以是假定的或是上一层次计算所得的），按次序求解 u 和 v 的离散方程。由此所得的速度场未必满足连续方程，因而必须对给定的压力场加以修正。为此，把由动量方程的离散形式所得到的压力与速度的关系代入连续方程的离散形式，从而得出压力修正方程。由压力修正方程得出压力改正值，进而去改进速度，以得到在这一层次上能满足连续方程的解。然后用计算所得的新的速度值去改进动量离散方程的系数，以开始下一层次的计算。如此反复，直到获得收敛的解。

具体计算时，首先预估一个压力场 P^*，然后求解速度场，其中，速度 u、v 采用"交错式"网格（图6.1），由此求得的速度场分别用 u^*、v^* 表示，为了满足连续方程需引进以下修正：

$$u_e = u^* + u_e'，u_e' = (P_P' - P_E')\frac{\Delta y^2}{A_e^n}，\tag{6.21}$$

$$v_n = v^* + v_n'，v_n' = (P_P' - P_N')\frac{\Delta x^2}{A_e^n}，\tag{6.22}$$

$$\rho_P = \rho_P^* + \left[\frac{\partial\rho}{\partial P}\right]P_P'，\tag{6.23}$$

$$P_P = P_P^* + P_P'，$$

其中，$\dfrac{\partial\rho}{\partial P} = \dfrac{1}{C^2} = K$，$C$ 为当地音速。

连续方程（6.1）在 P 点离散有：

$$\frac{\rho_P - \rho_P^0}{\Delta t} \Delta x \Delta y + G_e - G_w + G_n - G_s = 0 \text{。} \tag{6.24}$$

其中，

$$
\begin{aligned}
G_e &= \rho_e u_e \Delta y \\
&= (\rho_e^* + \rho_e')(u_e' + u_e^*) \Delta y \\
&\approx (\rho_e^* u_e^* + \rho_e' u_e^{*'} + \rho_e^* u_e') \Delta y \\
&= G_e^* + G_e';
\end{aligned}
$$

$$G_e^* = \rho_e^* u_e^* \Delta y;$$

$$
\begin{aligned}
G_e' &= (\rho_e' u_e^* + \rho_e^* u_e') \Delta y \\
&= P_e' u_e^{*'} K_e \Delta y + \rho_e^* (P_P' - P_E') \frac{\Delta y^2}{A_e^n} \text{。}
\end{aligned}
$$

若令 $\quad P_e' = \alpha_e P_P' + (1 - \alpha_e) P_E',$

则有 $\quad G_e' = b_e P_P' + a_E P_E' \text{。}$

其中，$b_e = \alpha_e k_e u_e^* \Delta y + \rho_e^* \dfrac{\Delta y^2}{A_e^n}, \ a_e = (1 - \alpha_e) K_e u_e^* \Delta y - \rho_e^* \dfrac{\Delta y^2}{A_e^n} \text{。}$

同理有：

$$G_w = G_w^* + G_w', \ G_w' = b_w P_P' + a_w P_W',$$

$$b_w = \alpha_w k_w u_w^* \Delta y - \rho_w^* \frac{\Delta y^2}{A_w^n},$$

$$a_w = (1 - \alpha_w) K_w u_w^* \Delta y + \rho_w^* \frac{\Delta y^2}{A_w^n},$$

$$G_n = G_n^* + G_n', \ G_n' = b_n P_P' + a_n P_N';$$

$$b_n = \alpha_n k_n u_n^* \Delta x + \rho_n^* \frac{\Delta x^2}{A_n^n},$$

$$a_n = (1 - \alpha_n) K_n u_n^* \Delta x - \rho_n^* \frac{\Delta x^2}{A_n^n},$$

$$G_s = G_s^* + G_s', \ G_s' = b_s P_P' + a_s P_S',$$

$$b_s = \alpha_s k_s u_s^* \Delta x - \rho_s^* \frac{\Delta x^2}{A_s^n},$$

$$a_s = (1 - \alpha_s) K_s u_s^* \Delta x + \rho_s^* \frac{\Delta x^2}{A_s^n} \text{。}$$

$$a_P P_P' = a_E P_E' + a_W P_W' + a_N P_N' + a_S P_S' + B_2 \text{。} \tag{6.25}$$

其中，

$$a_E = -a_e, a_W = a_w, a_N = -a_n, a_S = a_s,$$

$$a_P = b_e - b_w + b_n - b_s,$$

$$B_2 = \frac{(\rho_P^0 - \rho_P^*) \Delta x \Delta y}{\Delta t} + \left[(\rho^* u^*)_w - (\rho^* u^*)_e \right] \Delta y + \left[(\rho^* \nu^*)_n - (\rho^* \nu^*)_s \right] \Delta x,$$

α_e，α_w，α_n，α_s 的选择应保证 b_e，b_w，b_n，b_s 及 a_E，a_W，a_N，a_S 皆为正值。例如，采

用上风格式时：

当 $u_e^* > 0$ 时，$\alpha_e = 1$，$P_e' = P_P'$；

当 $u_e^* < 0$ 时，$\alpha_e = 0$，$P_e' = P_E'$。

因通常只计算主网格点处密度值，界面上的密度可以采用内插公式计算，并由此可见，上述方程中的 B_2 项实际上是按星号的速度取值的离散化连续方程（6.23）左侧的负值。如果 B_2 值为 0，则意味着带星号的速度值与 $(\rho_P^0 - \rho_P)$ 一起满足连续性方程，从而不必对压力进行进一步的修正。因而 B_2 的数值代表了一个控制容积不满足连续性的剩余质量的大小。可以用各控制容积的剩余质量的绝对值最大值，作为速度场迭代是否收敛的一个判据或指标。常用的方法是以各控制容积的 B_2 的绝对值最大值及各控制容积的 B_2 的代数和作为判据，当速度场迭代收敛时，这两个数值都应为小量。事实上 B_2 项代表一个"质量源"，该质量源必须由压力修正去消除。

上述压力修正方程是引向正确的压力场的一个中间算法，除非采用某种欠松弛，否则它会趋于发散。一般采用：

$$P = P^* + \alpha_P P'$$

其中，α_p 一般取 0.8 左右。

6.3.4 SIMPLE 算法

SIMPLE 算法是由 Pantandar 与 Spalding 在 1972 年提出的，全称为 Semi-Implicit Method for Pressure-Linked Equations，意即求解压力耦合方程的半隐方法。其计算步骤如下：

①假定一个速度场，以此计算动量离散方程中的系数和常数项；

②假定一个压力场 P^*；

③求解两个动量方程，得 u^*、v^*；

④求解压力修正方程，得 P'；

⑤由 P' 求速度的改进值 u'、v'；

⑥利用改进后的速度场求解其他物理量 ϕ 的离散化方程（如果 ϕ 并不影响流场，则应在速度场收敛后再解）；

⑦把经过修正的压力 P 处理成一个新的估计压力 P^*，返回第 3 步，直到求得收敛的解。

6.4 瓦斯爆炸的数值模拟

为了能对管中瓦斯爆炸过程中的湍流火焰的加速机制及障碍物对流场各参数的影响从理论上做更为详尽的描述，运用以上建立的理论模型与数值方法，以第 3 章中的瓦斯爆炸实验为算例进行了数值模拟，其结果描绘了管内瓦斯爆炸过程中流场主要参数的变化规律，揭示了管内流动与湍流之间的正反馈关系及湍流火焰在管内的加速机制，并与实验测得的数据基本相吻。

6.4.1 均相湍流燃烧的二维轴对称方程

为了能较完全地模拟瓦斯在管内燃烧加速过程中的变化情况，可用以上介绍的均相湍流燃烧模型来描述管内瓦斯的燃烧流动。将各方程写成二维轴对称方程，并用以下标准形式表达：

$$\frac{\partial(\rho\phi)}{\partial t} + \frac{\partial}{\partial x}\left(\rho u\phi - \Gamma_\phi \frac{\partial\phi}{\partial x}\right) + \frac{1}{r}\frac{\partial}{\partial r}\left(r\rho v\phi - r\Gamma_\phi \frac{\partial\phi}{\partial r}\right) = S_\phi \circ \tag{6.26}$$

其中，

$$\phi = \begin{bmatrix} 1 \\ u \\ v \\ h \\ Y_{fu} \\ k \\ \varepsilon \end{bmatrix}, \quad \Gamma_\phi = \begin{bmatrix} 0 \\ \mu_e \\ \mu_e/\sigma_k \\ \mu_e/\sigma_{fu} \\ \mu_e/\sigma_k \\ \mu_e/\sigma_\varepsilon \end{bmatrix},$$

$$S_\phi = \begin{bmatrix} 0 \\ -\frac{\partial P}{\partial r} + \frac{\partial}{\partial x}\left(\mu_e \frac{\partial u}{\partial x}\right) + \frac{1}{r}\frac{\partial}{\partial r}\left(r\mu_e \frac{\partial v}{\partial r}\right) - \frac{1}{r}\frac{\partial}{\partial x}\left(\frac{2}{3}r\rho k + \frac{2}{3}r\mu_e\left(\frac{\partial u}{\partial x} + \frac{1}{r}\frac{\partial(rv)}{\partial r}\right)\right) \\ -\frac{\partial P}{\partial r} + \frac{\partial}{\partial x}\left(\mu_e \frac{\partial u}{\partial r}\right) + \frac{1}{r}\frac{\partial}{\partial r}\left(r\mu_e \frac{\partial v}{\partial r}\right) - \frac{2\mu_{eff}v}{r^2} - \frac{1}{r}\frac{\partial}{\partial r}\left(\frac{2}{3}r\rho k + \frac{2}{3}r\mu_e\left(\frac{\partial u}{\partial x} + \frac{1}{r}\frac{\partial(rv)}{\partial r}\right)\right) \\ \frac{DP}{Dt} + \sigma_{xx}\frac{\partial u}{\partial x} + \sigma_{rr}\frac{\partial v}{\partial r} + \sigma_{xr}\left(\frac{\partial u}{\partial r} + \frac{\partial v}{\partial x}\right) \\ R_{fu} \\ G - \rho\varepsilon \\ C_1 G \frac{\varepsilon}{k} - C_2\rho\frac{\varepsilon^2}{k} \end{bmatrix} \circ$$

其中，$\sigma_{xx} = 2\mu_e \frac{\partial u}{\partial x} - \frac{2}{3}\mu_e\left[\frac{1}{r}\frac{\partial(rv)}{\partial r} + \frac{\partial u}{\partial x}\right]$，

$\sigma_{rr} = 2\mu_e \frac{\partial v}{\partial r} - \frac{2}{3}\mu_e\left[\frac{1}{r}\frac{\partial(rv)}{\partial r} + \frac{\partial u}{\partial x}\right]$，

$\sigma_{xr} = \mu_e\left(\frac{\partial u}{\partial r} + \frac{\partial v}{\partial x}\right)$，

$G = \tau_{xx}\frac{\partial u}{\partial x} + \tau_{rr}\frac{\partial v}{\partial r} + \tau_{xr}\left(\frac{\partial u}{\partial r} + \frac{\partial v}{\partial x}\right) \circ$

其中，$\tau_{xx} = 2\mu_e \frac{\partial u}{\partial x} - \frac{2}{3}\rho k - \frac{2}{3}\left[\frac{1}{r}\frac{\partial(rv)}{\partial r} + \frac{\partial u}{\partial x}\right]$，

$\tau_{rr} = 2\mu_e \frac{\partial v}{\partial r} - \frac{2}{3}\rho k - \frac{2}{3}\left[\frac{1}{r}\frac{\partial(rv)}{\partial r} + \frac{\partial u}{\partial x}\right]$，

$\tau_{xr} = \mu_e\left(\frac{\partial u}{\partial r} + \frac{\partial v}{\partial x}\right)$，

其他参数的说明见 6.1 节。

6.4.2　算法要点

本研究工作采用 PHOENICS 软件（3.3 版）计算流场，PHOENICS 是一通用的 CFD（Computational Fluid Dynamics）软件，它由预处理网格生成程序、主程序和后处理图形显示程序三部分构成。在应用该软件基本算法的情况下，用户仅需要通过用 PIL 语言编写的 Q_1 文件来规定所要研究问题的类型、范围、性质和条件，其相关要点如下：

①用 SIMPLE 算法解流速和压力耦合；
②用交错网格解决一阶导数项离散化降阶问题；
③用标准 k-ε 湍流模型封闭时均方程；
④对流扩散项离散化用混合格式；
⑤界面黏度系数与密度取相邻结点的算术平均值；
⑥压力场全域求解，速度场逐行进行 TDMA 计算。

6.4.3　网格划分

为能准确地反映出管内瓦斯爆炸流场中各参数的变化情况，在充分利用计算机的内存和硬盘空间的条件下，空间的网格划分为：Y 方向（沿管径方向）和 Z 方向（沿管轴线方向）的网格控制体数 NY、NZ 分别为 24、810，网格为均匀分布，如图 6.3 所示。

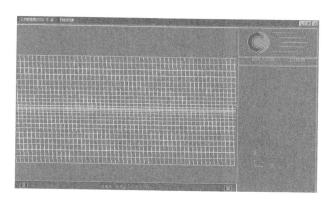

图 6.3　空间网格划分

6.4.4　初始条件和边界条件

对于初始端封闭、末端开口的管内瓦斯爆炸，有如下初始条件与边界条件。

（1）初始条件

点火时，管内初始压力为 1 个大气压，初始温度为 293 K，瓦斯在管内流场燃烧为均相燃烧，管初始端瓦斯浓度为 10%。

（2）边界条件

在管内中心线处有：$v=0$，$\dfrac{\partial u}{\partial y}=0$，$\dfrac{\partial \phi}{\partial y}=0$。视管壁面为非渗透壁面，则壁面上有：$u=v=0$，

$T = T_0 = 293$ K。在管出口端处压力为 1 个大气压，闭口端轴向速度为 0。

6.4.5　计算结果与讨论

基于以上介绍的理论模型、数值方法及初始边界条件，可以求得以下结果。

（1）瓦斯爆炸过程中的速度分布规律

瓦斯爆炸后，管内的速度分布如图 6.4 至图 6.7 所示。管初始端点火后，爆炸产物因膨胀产生压缩波，因此火焰阵面像活塞一样推动火焰两侧质点流动，由于管壁摩擦和流动的相互作用，靠近管壁处速度值较小，而沿轴线处速度最大。随着障碍物数量的增加，火焰传播速度迅速提高，在火焰传播速度达到最大值后，由于没有能量的补充和壁面的吸热作用，火焰的传播速度逐渐衰减直至熄灭。在障碍物附近产生了明显的湍流，障碍物的存在使得火焰阵面前湍流得到加强，从而使火焰阵面发生皱熠，提高其与未燃区流场的接触面积和扩散速度，使燃烧速率也得到提高。而燃烧速率的提高，导致爆炸产物膨胀加速，产生的压缩波强度加大，同时提高推动其阵面前未燃区流动的流动速度，从而导致更高的湍流动能与燃烧速率，形成了燃烧、流动、湍流之间的正反馈。

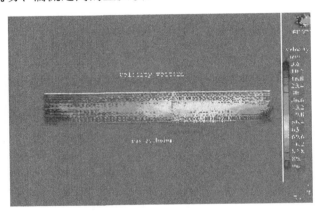

图 6.4　没有障碍物的速度分布

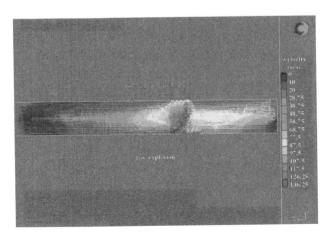

图 6.5　2 个障碍物的速度分布

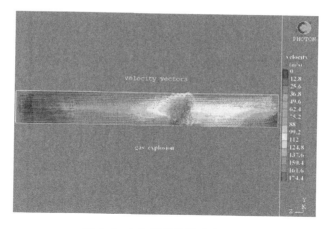

图 6.6　4 个障碍物的速度分布

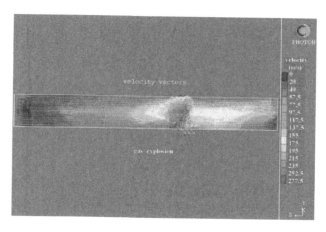

图 6.7　6 个障碍物的速度分布

（2）瓦斯爆炸过程中的压力分布规律

管内不同位置处压力曲线如图 6.8 至图 6.11 所示。瓦斯爆炸后，产生高压的气态爆炸产物，并且随着障碍物的增多，火焰的加速显著，生成的压缩波强度增强，其峰值超压也显著增大。然后，气态爆炸产物急剧膨胀并迫使周围的空气离开它原来占据的位置，于是在此气体的前沿形成一压缩空气层，其压力逐渐减少，直到等于大气压。当未燃气体全部发生化学反应，释放完其能量，爆炸波不再由气态爆炸产物支持，于是，脱离开和独立地继续传播。气态爆炸产物的质点由于惯性而继续运动，它们的压力降到大气压以下后在冲击波后面传播一爆炸稀疏波。由于周围空气的压力较高，气体爆炸产物将逐渐停止前进并开始向后运动，于是由于惯性，它们的压力又逐渐增加，直至略微超过大气压，并重新形成气态爆炸产物膨胀的条件，如此反复，可以看出"气态爆炸产物——空气"系统是处于一种自由振荡（脉动）状态。

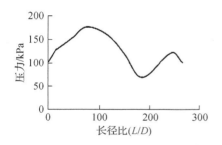

图 6.8 不同位置，无障碍物时压力曲线

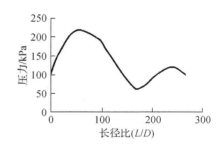

图 6.9 不同位置，2 个障碍物时压力曲线

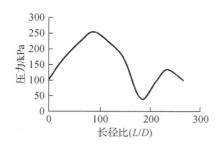

图 6.10 不同位置，4 个障碍物时压力曲线

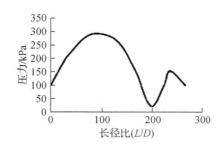

图 6.11 不同位置，6 个障碍物时压力曲线

（3）瓦斯爆炸过程中的温度分布规律

管内温度分布如图 6.12 至图 6.15 所示。瓦斯爆炸后，火焰阵面前附近区域与管封闭端附近区域温度变化较为陡峭，而火焰阵面后一段区域的温度变化较平缓，且火焰阵面附近温度较高，在障碍物附近温度很快上升到最大值，然后由于化学反应结束，管道壁吸热，温度开始下降。由于测量仪器的精度、管道尺寸的限制及铁管道的吸热，测得的瓦斯爆炸温度可能有偏差，没有数值计算的温度值高。

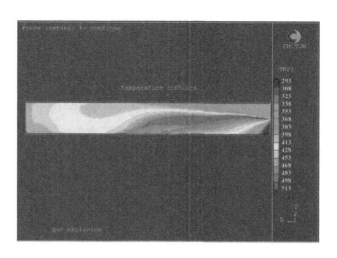

图 6.12 没有障碍物时温度分布

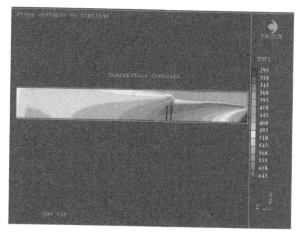

图 6.13　2 个障碍物时温度分布

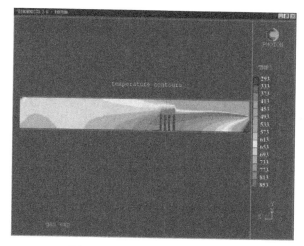

图 6.14　4 个障碍物时温度分布

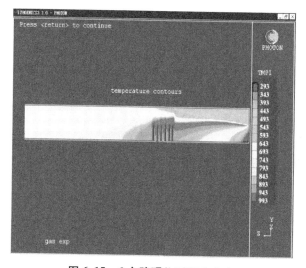

图 6.15　6 个障碍物时温度分布

（4）瓦斯爆炸过程中的爆炸产物体积分数分布规律

瓦斯爆炸后，管内爆炸产物体积分数分布如图6.16至图6.19所示。从中可以看出：无障碍物时在接近于管的末端产物体积分数较大，当存在障碍物时，在其附近体积分数偏高。究其原因则是障碍物的存在，加速了湍流，提高了燃烧与反应速率，使得反应加剧，从而爆炸产物体积分数显著提高。

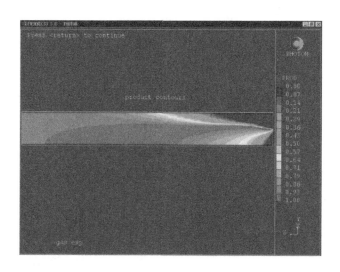

图 6.16　没有障碍物时爆炸产物体积分数

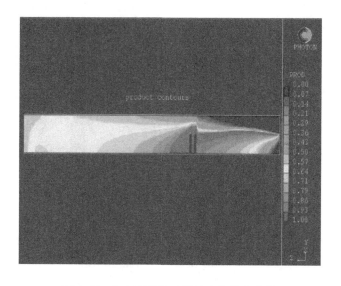

图 6.17　2 个障碍物时爆炸产物体积分数

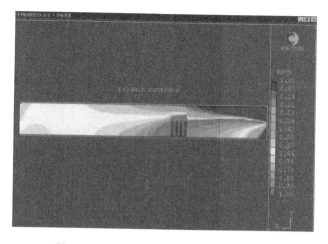

图 6.18　4 个障碍物时爆炸产物体积分数

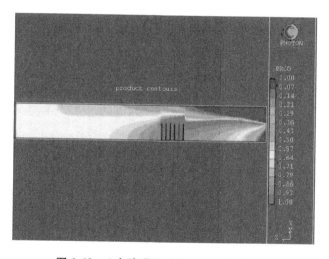

图 6.19　6 个障碍物时爆炸产物体积分数

6.5　小结

　　本章基于所建立的二维均相湍流燃烧模型与介绍的数值方法，并运用基于 SIMPLE 数值解法的大型通用程序 PHOENICS 对管内瓦斯爆炸火焰加速现象进行了数值求解，其结果反映了火焰加速的内在机制，揭示了管内燃烧、流动、湍流之间的正反馈关系，呈现了管内流场在障碍物对爆炸过程中各主要参数的影响规律，并与第 3 章的相应的瓦斯爆炸实验结果基本相符。

参考文献

［1］ 李学诚. 我国煤矿安全技术水平现状及发展方向［J］. 煤炭科学技术, 1996（4）: 4-9

［2］ 俞启香. 矿井瓦斯防治［M］. 徐州: 中国矿业大学出版社, 1992

［3］ 徐景德, 王家棣. 1980 年以来国有煤矿重大事故特征分析［J］. 中国煤炭, 1996（8）: 22-25

［4］ 邬燕云. 煤矿安全状况回顾和重大事故预防［J］. 中国煤炭, 1997（9）: 16-17

［5］ 萨文科 C K, 等. 井下空气冲击波［M］. 龙维祺, 丁亚伦, 译. 北京: 冶金工业出版社, 1979

［6］ Cortese R A, Weiss E S. Proceedings of the 24th international conference of safty in mines research institutes ［C］. Donicck, 1991

［7］ 世界煤炭技术编辑部. 第 21 届国际采矿安全会议论文集［C］. 北京: 煤炭工业出版社, 1985

［8］ 费国云. 新型隔爆抑制弱爆炸的研究［J］. 矿业安全与环保, 1998（3）: 7-9

［9］ 李德元, 李维新. 爆炸冲击中的数值模拟［J］. 爆炸与冲击, 1984（1）: 91-98

［10］ Chi D N, Perlee H E. Mathematical study of a propagating flame and its induced aerodynamics in a coal mine passageway［J］. U S Bureau of Mines, RI7908, 1974

［11］ Harten A. High resolution scheme for hyperbolic conservation laws［J］. Journal of Computational Physics, 1983, 49（3）: 357-393

［12］ Yee H C, Warmingc R F. Implicit Total Variation Diminishing（TVD）schemes for steady-static calculations ［J］. Journal of Computational Physics, 1985, 57（3）: 327-360

［13］ Yee H C. Construction of explicit and implicit symmetric TVD schemes and their applications［J］. Journal of Computational Physics, 1987, 68（1）: 151-179

［14］ 中国煤炭工业劳动保护科学技术学会. 劳保学会动态［Z］. 1999.

［15］ Lin Baiquan, Zhou Shining, Zhang Rengui. The influence of barriers on flame and explosion wave in gas explosion［J］. 煤炭学报: 英文版, 1998, 28（2）: 53-57

［16］ 煤炭工业部安全监察局. 第二十二届国际采矿安全会议论文集［C］. 北京: 煤炭工业出版社, 1987

［17］ 赵衡阳. 气体和粉尘爆炸原理［M］. 北京: 北京理工大学出版社, 1996

［18］ 傅德薰. 流体力学数值模拟［M］. 北京: 国防工业出版社, 1993

［19］ Lin Baiquan, Zhou Shining. Research on accelerating mechanism and flame transmission in gas explosion［J］. Journal of Coal Society & Engineering（China）, 1999（1）: 58-61

［20］ Lin Baiquan, Zhou Shining. Shock waves generated in the presence of barriers in gas explosions［C］. Proceedings of the 8th U S Mine Ventilation Symposium University of Missouri-Rolla, US, 1999, 6

［21］ 范宝春. 两相燃烧、爆炸和爆轰［M］. 北京: 国防工业出版社, 1997

［22］ 李翼祺. 爆炸力学［M］. 北京: 科学出版社, 1992

［23］ 黄正平. 爆炸与冲击过程测试技术［M］. 北京: 北京理工大学出版社, 1994

［24］ 陈杰. 传感器与检测技术［M］. 北京: 北京理工大学出版社, 1995

［25］ 孟吉复, 惠鸿斌. 爆破测试技术［M］. 北京: 冶金工业出版社, 1992

［26］ 张连玉, 汪令羽, 苗瑞生. 爆炸气体动力学基础［M］. 北京: 北京工业学院出版社, 1987

［27］周彦煌，王升晨．多孔火药填充床中燃烧转爆轰（DDT）的模拟与分析［J］．爆炸与冲击，1992，12（1）：11 – 21

［28］于津平．发射药颗粒燃烧转爆轰（DDT）研究［D］．南京：华东工学院，1987

［29］张小兵，袁世雄．密实火药床燃烧转爆轰的数值模拟［J］．弹道学报，1996，8（1）：16 – 19

［30］杨涛．高装填密度火药床燃烧转爆轰的实验研究与数值模拟［J］．弹箭与制导学报，1991（3）：14 – 22

［31］黄婉莉，郭汉彦．一维粉尘爆轰结构的数值计算［J］．爆炸与冲击，1990，10（4）：327 – 335

［32］刘晓利．可燃粉尘——空气混合物燃烧与爆轰特性的实验研究与数值模拟［D］．南京：南京理工大学，1995

［33］黄军涛．可燃气体混合物爆燃爆震转捩的数值模拟［D］．沈阳：东北大学，1997

［34］高泰荫，黄军涛，李元明，等．可燃气体混合物爆燃爆震转捩的数值模拟［J］．爆炸与冲击，1998（4）：323 – 330

［35］林柏泉，周世宁，张仁贵．瓦斯爆炸过程中激波的诱导条件及其分析［J］．实验力学，1998（4）：463 – 468

［36］林柏泉，张仁贵．瓦斯爆炸过程中火焰传播规律及其加速机理的研究［J］．煤炭学报，1999（1）：56 – 59

［37］冯长根．热点火理论［M］．长春：吉林科学技术出版社，1991

［38］伊曼纽尔 G．气体动力学的理论与应用［M］．周其兴，周静华，译．北京：宇航出版社，1992

［39］张锡英．瓦斯爆炸的热力学模型图［J］．煤炭技术，1996：45 – 48

［40］桂晓宏，林柏泉．火焰速度与超压关系［J］．淮南工业学院学报，1999，19（4）：14 – 17

［41］桂晓宏，林柏泉．瓦斯爆炸过程中爆炸波传播特征的实验研究［J］．矿业科学技术，1999（3）：30 – 33

［42］Lee J H. Gas explosion［J］．中国科学院力学研究所讲稿，1985

［43］胡光龙，任玉琴．防治瓦斯爆炸三位一体工程技术系统［J］．煤矿安全，1996（2）：42 – 44

［44］Sichel M. Transition to detonation-role of explosion with in an explosion［J］．Major Research Topics in Combustion, Springer new work, 1992：491 – 524

［45］Shepherd J E S. On the transition from deflagration to detonation［M］．Springer new work, 1992

［46］Urtiew P A, Oppenheim A K. Comb flame［J］．Combustion & Flame, 1965, 9（4）：405 – 407

［47］Lee J H S. On the transition from deflagration to detonation［J］．Dynamics of explosion, Progress in AST ronautics and Aeronautics, AIAA, 1986, 106：3 – 18

［48］Knystautas R, Lee J H. Criteria for transition to detonation in tubes［J］．Symposium on Combustion, 1988, 21（1）：1629 – 1637

［49］Kuo, Kenneth K. Principles of combustion［J］．John Wiley&Sons, Inc, 1988, 73（3）：337

［50］Anderson J D. Hypersonic and high temperature gas dynamics［M］．Aiaa, 2000

［51］袁生学．超声速燃烧与弱爆轰［C］//中国工程热物理学会燃烧学学术会议论文集，1994

［52］范维澄，万跃鹏．流动及燃烧的模型与计算［M］．合肥：中国科学技术大学出版社，1992

［53］周力行．湍流气粒两相流动和燃烧的理论与数值模拟［M］．北京：科学出版社，1994

［54］陈义良，张孝春，孙慈，等．燃烧原理［M］．北京：航空工业出版社，1992

［55］王应时，范维澄，周力行，等．燃烧过程数值计算［M］．北京：科学出版社，1986

［56］Lauder B E. Numerical computation of convective heat transfer in complex turbulent flows：time to abandon wall functions [J]. Heat Mass Transfer, 1984 (27): 1485 – 1491

[57] Launder B E, Spalding D B. The numerical computational of turbulent flows [J]. Computer Merholds in Applied Mechanics and Engineering, 1974, 3 (2): 269 – 289

[58] 窦国仁. 紊流力学 (下) [M]. 北京: 高等教育出版社, 1987

[59] Amano R S. Development of a turbulence near-wall model and application to separated and reattached flows [J]. Heat Transfer, 1984 (7): 59 – 75

[60] 王汝涌, 吴宗真, 吴宗善, 等. 气体动力学 (上) [M]. 北京: 国防工业出版社, 1984

[61] Suhas v Patankar. Numerical heat transfer and fluid flow [M]. McFraw-Hill, 1980

[62] 陶文铨. 数值传热学 [M]. 西安: 西安交通大学出版社, 1988

[63] Pantandar S V, Spalding D B. A calculation procedure for heat, mass and momentum transfer in three-dimensional parabolic flows [J]. International Journal of Heat and Mass Transfer, 1972, 15 (10): 1787 – 1806

[64] Harlow F H, Welch J R. Numerical calculation of time-dependent viscous incompressible flow of fluid with free surface [J]. The Physics of Fluids, 1987, 8: 132 – 138

[65] Harlow F, Welch J E. Viscous incompressible flow of fluid with free surface [J]. The Physics of Fluids, 1965, 8 (12): 2182 – 2193

[66] Rosten H I, Spalding D B. Shareware PHOENICS beginner's guide CHAM TR100 [M]. London: Concentration, Heat & Momentum Limited, 1987

[67] Rosten H I, Spalding D B. Shareware PHOENICS reference manual CHAM TR200 [M]. London: Concentration, Heat & Momentum Limited, 1987

[68] Rosten H I, Spalding D B, Templeman J A. The PHOTON user guide CHAM TR300 [M]. London: Concentration, Heat & Momentum Limited, 1987